KB093782

부다페스트
디저트 수업

부다페스트 디저트 수업

HUNGARIAN DESSERT BOOK

“
우아하고 화사한
헝가리 디저트 레시피 70
”

포시즌의 숲

차례

케이크 CAKES

짭짤한 디저트 SAVOURY DESSERTS

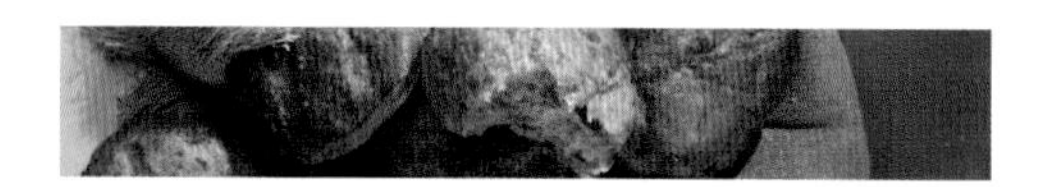

스트루들 STRUDELS

뜨거운 디저트 HOT DESSERTS

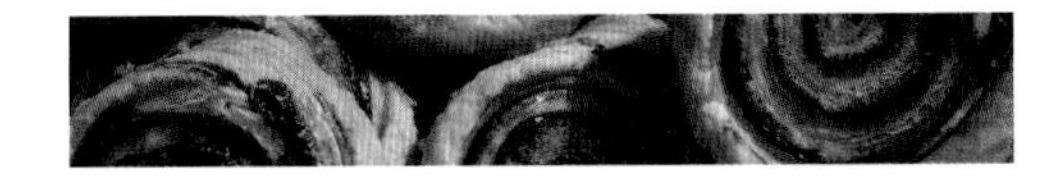

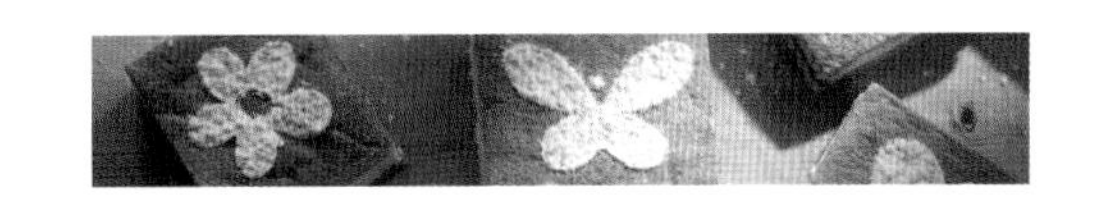

그 밖의 다양한 디저트 MISCELLANEOUS

서문

모든 사람이 케이크를 비롯한 달콤한 것들을 사랑한다. 헝가리인도 예외는 아니다. 사실 온 국민이 그 어느 나라 사람들보다 단것을 좋아한다고 말할 수 있다. 헝가리의 도시와 마을 어디를 가나 거리에는 카페와 케이크 가게가 줄지어 늘어서 있다. 심지어 아주 작은 마을에도 자랑할 만한 케이크 가게가 최소 하나쯤은 있다. 헝가리의 수도 부다페스트는 오스트리아 빈과 마찬가지로 커피 하우스로 유명하다. 커피 하우스는 과거 문학계의 엘리트들이 모여 서로의 작품에 대해 열띤 토론을 하거나, 책을 읽고 글을 쓰면서 온기를 쬐고 커피를 마시는 장소였다. 그리고 지금은 지역 주민이나 관광객 할 것 없이 유리 진열대에 놓인 다채로운 케이크 중 하나를 골라 커피와 함께 맛보기 위해 앉아 있는 곳이 되었다. 스트루들, 도보시 케이크, 밤 퓌레, 에스테르하지Eszterházy 케이크와 같은, 커피 하우스의 인기 품목들은 진열대 뒤에 늘어서서 배고픈 자들을 유혹한다. 배가 그렇게 고프지 않은 사람들조차 일단 한번 흘깃 쳐다보면 그 달콤한 즐거움(때론 혁신적이고 현대적인 디저트도 있다)을 맛볼 수밖에 없다.

하지만 헝가리인들이 커피 하우스나 카페에서만 케이크와 달콤한 진미들을 즐기는 것은 아니다. 대부분의 가정에는 뛰어난 제빵사가 최소한 한 명은 존재하며, 파티와 축제에서도 달콤하고 짭짤한 다양한 제과를 가족과 손님들에게 대접한다. 사실 헝가리인들이 달콤한 것들을 얼마나 사랑하는지 생각한다면, 헝가리에서 식사의 메인 코스에 달콤한 음식을 제공하는 것도 이상한 일이 아니다. 나는 친구들을 따라 시골 친척집을 방문했다가 식사로 수프에 이어 달콤한 음식이 나오는 일을 가끔 경험했다. 밀크빵, 양귀비 씨앗이나 호두, 그리고 엄청난 설탕을 뿌린 파스타, 형태도 모양도 가지각색인 팬케이크, 도넛, 또는 살구 덤플링이나 커드 치즈 덤플링. 이것들을 다 먹은 뒤 커피를 마시며 앉아 수다를 떨고 있노라면, 뒤이어 비스킷, 스콘, 케이크가 다시 수북이 쌓였다. 한 가지는 확실하다. 헝가리를 떠날 때 살이 빠져서 돌아가는 일은 절대 없으리라는 것이다!

과자와 디저트에 푹 빠진 이 나라가 특히 좋아하는 재료가 여럿 있는데, 그중 널리 알려진 재료들을 꼽자면 꿀, 사워크림, 초콜릿, 잼, 그리고 과일 중에서도 특히 자두, 살구, 사워 체리가 있다. 어떤 것들은 헝가리에서만 특히 자주 사용되는데, 이를테면 커드 치즈, 양귀비 씨앗, 호두, 밤 퓌레다. 커드 치즈의 일종인 투로Túró는 짭짤한 음식과 달콤한 음식 모두에 자주 사용되므로 이 책의 레시피에도 여러 번 등장한다. 투로는 헝가리에서만 구할 수 있는 음식에 속하므로, 구하기 힘들다면 리코타 치즈나 독일식 쿼크로 대체해도 좋다. 종종 코티지 치즈라고 번역하기도 하는데 사실 우리가 코티지 치즈라고 부르는 것과는 전혀 다르다.

양귀비 씨앗은 다른 나라에서는 주로 롤빵 위에 뿌리는 용도로만 사용되지만, 이곳에선 스트루들과 플로드니flódni를 비롯해 모든 종류의 달콤한 음식에 핵심 재료로 쓰인다. 호두는 일반적으로 갈아서 사용하는데, 다양한 케이크와 비스킷뿐 아니라 맛있는 군델Gundel 팬케이크에도 재료로 쓰인다. 다른 곳에서는 주로 크리스마스에만 사용하는 밤 역시 달콤한 디저트를 만들 때 중요한 역할을 한다. 보통은 밤 퓌레 형태로 만드는데 슈퍼마켓에 가면 블록으로 살 수 있다. 내가 가장 좋아하는 것은 가을과 겨울에 커피 하우스에서 먹을 수 있는 단순한 밤 퓌레와 크림이다. 하지만 또한 밤 퓌레는 맛있는 케이크와 스트루들의 베이스가 되기도 한다.

터마시 베레즈너이는 독자들에게 맛있고 편안한 가정식 요리와 디저트뿐 아니라 커피 하우스 진열대에서 볼 수 있는 세련된 작품을 만드는 법도 소개하고 있다. 당신의 디저트 취향이 어떻든 간에, 분명 만들고 싶고, 요리하고 싶고, 굽고 싶어 근질근질해지는 음식을 만나게 될 것이다. 부디 맘껏 즐기길 바란다.

수 톨슨 Sue Tolson
와인소파WineSofa의 매니징 에디터. 와인소파는 동유럽과 중앙유럽에서 운영 중인 음식 온라인 사업체다.

CAKES
케이크

배 가토

퀴르테토르타 KÖRTETORTA

재료

케이크 반죽
계란 7개
설탕 200g
럼 100ml
레몬 제스트 1개
호두 가루 150g
밀가루 중력분 150g
베이킹파우더 1/2작은술
정향 1/2작은술
시나몬 가루 1/2작은술
살구잼 150g
소금 한 꼬집

필링
배 1kg
꿀 100g
시나몬 1작은술
물 150ml
커스터드 가루 25g
젤라틴 1작은술

크림
더블 크림 400ml
물 50ml
젤라틴 1작은술
아이싱 슈거 150g

① 계란 노른자에 설탕 절반, 럼 절반, 레몬 제스트를 섞고 중탕냄비에 올린다. 그릇이 들어갈 만큼 충분히 큰 냄비를 사용한다. 물이 끓으면 내용물을 천천히 저으면서 뭉근히 끓여 걸쭉한 크림 상태가 되도록 만든다.

② 다른 그릇에 계란 흰자와 남은 설탕, 소금 한 꼬집을 넣고 끝이 뾰족해질 때까지 세게 젓는다.

③ 호두 가루, 밀가루, 베이킹파우더, 시나몬, 정향을 섞는다. 계란 노른자에 휘핑한 계란 흰자를 섞고, 앞의 호두 가루 혼합물도 넣어 부드럽게 섞는다. 마지막으로 버터 칠을 하고 밀가루를 뿌린 베이킹 트레이(30×25cm)에 모두 섞은 혼합물을 숟가락으로 펴 담는다. 160도로 예열해둔 오븐에서 30~35분 동안 굽는다. 트레이를 오븐에서 꺼낸 뒤 한 김 식힌다. 반죽대에 밀가루를 뿌린 뒤 구운 시트를 놓고 세 조각으로 자른다.

④ 필링용 배는 주사위 모양으로 썬다. 꿀을 캐러멜라이즈한 다음 배를 넣고 시나몬으로 맛을 낸다. 배를 계속 저으면서 뭉근히 끓인다. 한편, 커스터드 가루에 물 100ml를 넣고 끓인 뒤 앞의 배를 섞어 필링 혼합물을 만든다. 미지근한 물 50ml에 젤라틴을 섞고 필링 혼합물을 넣는다. 크림이 걸쭉해질 때까지 젓는다.

⑤ 이제 가토(케이크) 형태로 만들 차례다. 케이크 시트를 먼저 깔고, 남은 럼과 살구잼 반을 섞어 바른 뒤 배 필링을 스푼으로 펴 올린다. 그 위에 케이크 시트를 한 장 더 깔고 다시 잼을 바른 뒤 크림을 올린다. 케이크 시트로 덮고 맨 위를 냉장고에서 12시간 동안 차갑게 굳힌 뒤 대접한다.

RJ

리치 초콜릿 케이크

리고 연치 RIGÓ JANCSI

재료

케이크 반죽
계란 6개
설탕 160g
밀가루 중력분 130g
코코아 가루 40g
녹인 버터 100g

크림
초콜릿(중간 정도의 쓴 맛) 375g
기름 50ml
더블 크림 600ml

필링
살구잼

토핑
초콜릿 커버처
기름 1/2작은술

① 중탕냄비에 계란과 설탕을 넣고 세게 휘젓는다. 끓기 전에 불을 끄고 걸쭉해질 때까지 계속 젓는다. 코코아 가루와 밀가루를 조금씩(한 번에 한 숟가락씩) 넣어 부드럽게 섞고, 녹인 버터를 추가한다.

② 케이크 틀에 버터를 바르고 밀가루를 뿌린 뒤 위의 반죽을 숟가락으로 펴 담고 180도로 예열한 오븐에서 35분 동안 굽는다. 한 김 식힌 뒤 스펀지케이크를 가로로 이등분하고, 단면 중 한쪽에만 잼을 바른다.

③ 크림을 만든다. 우선 중탕냄비에 초콜릿과 기름을 녹인다. 크림을 아주 차가운 상태에서 걸쭉해질 때까지 세게 휘젓고, 앞의 녹인 초콜릿을 추가한다. 잼이 발린 스펀지케이크를 케이크 틀에 넣되 잼이 위로 올라가게 한다. 초콜릿 크림을 그 위에 펴 바르고 나머지 케이크 반쪽을 맨 위에 덮는다.

④ 초콜릿 커버처에 기름을 약간 넣고 녹여서 케이크 윗면을 코팅한다. 냉장고에서 6~7시간 동안 차갑게 굳힌 뒤 대접한다.

할머니의 호두 케이크

너지캄 디오토르타여 NAGYIKÁM DIÓTORTÁJA

재료

케이크 반죽
호두 가루 80g
아이싱 슈거 80g
계란 7개
빵가루 1큰술

필링
호두 80g
설탕 120g
물 100ml
버터 60g

① 먼저 케이크 반죽을 만든다. 호두 가루, 아이싱 슈거, 계란 노른자를 함께 넣고 섞는다. 오랫동안(30분까지도 괜찮다) 세게 저어서 잘 섞이도록 한다. 계란 흰자를 끝이 뾰족해질 때까지 거품기로 저은 뒤 빵가루와 앞의 호두 가루 혼합물을 넣어 부드럽게 섞는다.

② 반죽을 둘로 나누어 케이크 틀에 붓는다. 둘 다 180도에서 15분 동안 익힌다.

③ 이제 필링을 만든다. 물에 호두와 설탕을 넣고 가열한다. 그런 다음 불을 끄고 버터를 섞는다. 크림이 완전히 식을 때까지 쉬지 않고 세게 젓는다.

④ 크림의 3/4을 케이크 시트 하나에 바르고, 나머지 케이크 시트를 그 위에 올린다. 남은 크림을 케이크 옆면과 윗면에 바른다. 호두로 장식한다.

에스테르하지 케이크

에스테르하지 토르타 ESZTERHÁZY TORTA

재료

케이크 반죽

계란 흰자 10개
굵은 설탕 350g
호두 가루 300g
밀가루 중력분 50g
케이크 가루 또는 빵가루 50g

크림

커스터드 가루 20g
우유 250ml
굵은 설탕 40g
호두 80g
크림 100ml
아이싱 슈거 20g
코냑 20ml

데코레이션

계란 흰자 반 개
아이싱 슈거 300g
플레인 초콜릿(녹인 것) 50g
호두 가루 100g

① 계란 흰자와 설탕을 섞고 끝이 뾰족해질 때까지 세게 젓는다. 여기에 호두 가루, 밀가루, 빵가루를 섞은 혼합물을 조심스레 넣고 부드럽게 섞는다. 오븐을 180도로 예열하고 베이킹 트레이(직경 약 24cm)에 기름칠한 뒤 밀가루를 뿌린다. 반죽을 베이킹 트레이에 올리고 약 6분 동안 구워서 얇은 케이크 시트 6개를 만든다.

② 커스터드 가루, 설탕, 우유를 섞어 진한 커스터드를 만들고 저어서 식힌다. 크림과 아이싱 슈거를 거품기로 저어서 걸쭉하게 만든 뒤, 호두, 코냑과 함께 커스터드에 넣는다. 부드러워질 때까지 거품기로 저어 커스터드 크림을 만든다. 크림을 시트마다 바르고 하나씩 쌓되, 맨 위는 크림을 바르지 않고 둔다.

③ 계란 흰자 반 개에 아이싱 슈거 300g을 넣고 세게 저은 뒤 케이크 겉면 전체에 바른다. 윗면은 녹인 초콜릿으로, 옆면은 호두 가루로 장식한다.

슈테파니어 케이크

슈테파니어 토르타 STEFÁNIA TORTA

재료

케이크 반죽
계란 6개
밀가루 120g
아이싱 슈거 120g
버터 35g
소금 한 꼬집

필링
계란 5개
아이싱 슈거 200g
버터 250g
초콜릿 200g
코코아 가루 20g

① 거품기를 이용해 계란 노른자와 설탕을 크리미해질 때까지 젓는다. 계란 흰자는 끝이 뾰족해질 때까지 세게 저어서 세 번에 걸쳐 노른자에 부드럽게 섞는다. 마지막으로, 소금 한 꼬집과 녹인 버터를 추가한다. 반죽을 케이크 틀(지름 22cm)에 펼치고 노릇노릇해질 때까지 180도에서 12~14분 동안 굽는다.

② 믹싱볼에 계란을 넣은 뒤 세게 젓고 설탕을 추가한다. 중탕으로 익히되, 끓기 시작할 때까지 가열한다. 그런 다음 푸드 프로세서로 저으면서 식힌다. 중탕냄비에서 초콜릿을 녹이고 불을 끈 뒤 부드러운 버터를 섞는다. 그런 뒤 초콜릿에 앞의 계란 혼합물을 섞고 체에 친 코코아 가루를 추가한다.

③ 첫 번째 스펀지 시트에 차갑게 식힌 앞의 초콜릿 크림을 얇게 펴 바르고 시트를 올린다. 이 과정을 여러 번 반복해서 레이어 케이크를 만든다. 남은 크림을 케이크의 맨 위와 옆면에 펴 바르고 코코아 가루를 넉넉하게 뿌린다.

양귀비 씨앗 케이크

메네이 마크토르타 MENNYEI MÁKTORTA

재료

양귀비 씨앗 가루 100g
사워크림 400ml
젤라틴 3작은술
설탕 100g
바닐라 슈거 1회분 1봉지
크림 200ml
크랜베리 또는 베리류 100g
진저브레드 비스킷 6개

① 사워크림 100ml에 젤라틴을 넣고 완전히 녹을 때까지 가열한다.

② 앞의 혼합물을 믹싱볼에 붓고 설탕, 바닐라 슈거, 남은 사워크림을 추가한다.

③ 여기에 잘게 으깬 진저브레드와 휘핑 크림을 섞는다.

④ 크랜베리를 조심스럽게 섞는다. 물론 사워 체리, 레드커런트를 비롯해 다른 과일로 대체해도 된다. 집에 과일이 없다면 아예 빼도 상관없다(이럴 경우, 반죽을 틀에 부은 뒤 잼을 추가해도 된다).

⑤ 호일을 깐 빵틀에 반죽을 붓고, 냉장고에서 최소 6시간 동안 굳힌다.

다섯 가지 잼 케이크

외트레크바로시 토르타 ÖTLEKVÁROS TORTA

재료

마가린 300g
아이싱 슈거 300g
호두 가루 300g
밀가루 중력분 300g
계란 3개
정향 가루 1/2작은술
레몬 제스트 간 것 1개
다섯 가지 맛 잼 각각 150g

① 잼을 제외한 나머지 케이크 재료를 전부 골고루 섞은 다음, 냉장고에 넣고 1시간 반 동안 차갑게 둔다. 냉장고에서 꺼내 6등분한다. 반죽을 원형으로 밀고 170도 오븐에서 각각 따로 굽는다.

② 그런 뒤, 케이크 시트마다 다양한 맛의 잼을 바르고 차곡차곡 쌓는다. 맨 위에는 아이싱 슈거를 뿌린다. 집에 잼이 별로 없어서 두세 종류만 사용해도 여전히 맛있을 것이다. 이 레시피에서는 오렌지 마멀레이드, 살구, 자두, 딸기, 블루베리 잼을 사용했다.

③ 케이크를 냉장고에 잘 보관했다가 5일에서 6일 정도 후에 대접한다. 그러면 맛이 하나로 훨씬 잘 어우러질 것이다.

도보시 케이크

도보시 토르타 DOBOS TORTA

재료

케이크 반죽
계란 6개
밀가루 120g
아이싱 슈거 120g
버터 35g
소금 한 꼬집

필링
계란 5개
아이싱 슈거 200g
버터 250g
초콜릿 200g
코코아 가루 20g

캐러멜
조각 설탕 200g

① 계란 노른자에 설탕을 넣고 가볍고 폭신폭신해질 때까지 세게 젓는다. 계란 흰자를 단단하게 저어서 세 단계에 걸쳐 계란 노른자에 접듯이 넣는다. 마지막으로 소금 한 꼬집과 녹인 버터를 추가한다. 케이크 틀(22cm) 여섯 개에 반죽을 나누어 붓고 180도로 12~14분 동안 노릇노릇하게 굽는다. 가장 잘 구워진 스펀지 시트는 맨 위에 올릴 때 쓰도록 따로 빼놓는다.

② 소스팬에 설탕을 넣은 뒤 젓지 않고 캐러멜라이즈한다. 맨 위에 놓을 스펀지 시트를 식힘망에 올린다. 아래에 내유지를 깔아서 시럽이 테이블에 떨어지는 것을 막는다. 스펀지 시트에 캐러멜라이즈한 시럽을 붓고 캐러멜이 완전히 굳기 전에 기름 묻힌 칼로 12등분한다.

③ 믹싱볼에 계란을 넣고 세게 저으면서 설탕을 추가한다. 그리고 중탕냄비에 넣어 끓기 시작할 때까지만 가열한다. 그런 뒤 푸드 프로세서에 넣고 저으면서 식힌다. 중탕냄비에서 초콜릿을 녹인 뒤 불을 끄고 부드러운 버터와 섞는다. 초콜릿에 앞의 계란 혼합물을 섞고, 체에 친 코코아 가루를 추가한다.

④ 차갑게 식힌 초콜릿 크림을 첫 번째 스펀지 시트에 얇게 펴 바르고 다음 시트를 올린다. 이 과정을 여러 번 반복해 레이어 케이크를 만든다. 케이크의 윗면과 옆면에는 남은 초콜릿 크림을 펴 바르고, 짤주머니로 작은 별 모양을 12개 짠다. 각각의 크림별 사이에 캐러멜 슬라이스를 놓는다.

펀치 케이크

푼치토르타 PUNCSTORTA

재료

케이크 반죽
계란 12개
밀가루 12큰술
아이싱 슈거 12큰술
베이킹파우더 1회분 1봉지
소금 한 꼬집

필링
라즈베리 잼 2큰술
물 100ml
라즈베리 시럽 100ml
럼 2큰술
오렌지주스 1개와 레몬주스 1개
설탕 100g

아이싱
아이싱 슈거 200g
레몬주스 몇 방울
라즈베리 시럽 100ml
계란 흰자 1개
살구잼 100ml

① 계란 노른자와 설탕을 세게 저어서 크리미하게 만든 뒤, 단단하게 저은 계란 흰자와 소금 한 꼬집을 넣는다. 밀가루에 베이킹파우더를 섞고 앞의 계란 혼합물에 부드럽게 섞어 넣는다. 마지막으로 버터 칠을 하고 밀가루를 뿌린 케이크 틀 두 개에 반죽을 나누어 담고 180도에서 20~25분 동안 굽는다.

② 케이크 시트 하나를 반으로 자른다. 각각을 케이크의 윗면과 아랫면으로 쓴다. 나머지 스펀지는 작은 큐브 모양으로 자른다. 물, 라즈베리 잼, 라즈베리 시럽, 럼, 설탕, 오렌지 주스, 레몬 주스를 함께 끓여서 시럽을 만든다. 스펀지 큐브 위로 시럽을 뿌린 뒤 골고루 묻혀 필링을 만든다.

③ 케이크 시트 단면 모두에 살구잼을 바른다. 그중 하나를 케이크 틀에 다시 넣고, 필링을 펴 바른 뒤 남은 시트로 덮는다. 부드럽게 눌러서 냉장고에서 최소 6시간 동안 차갑게 굳힌다.

④ 그동안 아이싱을 준비한다. 아이싱 재료들을 거품기로 저어서 부드럽게 만든 뒤, 중탕냄비에 넣고 살짝 데워서 펴 바르기 쉽게 만든다.

⑤ 케이크를 틀에서 꺼낸 뒤 윗면과 옆면에 아이싱을 바른다. 아이싱이 굳으면 자른다.

블루베리 타르트

아포녀토르타 ÁFONYATORTA

재료

페이스트리
밀가루 중력분 300g
버터 200g
아이싱 슈거 100g
계란 노른자 1개
사워크림 1~2작은술
레몬 제스트 간 것
바닐라 슈거 1작은술
베이킹파우더 한 꼬집
소금 한 꼬집

필링
계란 노른자 5개
크림 300ml
바닐라 에센스 1작은술
굵은 설탕 150g
블루베리 500g

① 밀가루와 아이싱 슈거를 섞은 뒤 차가운 버터를 넣고 비빈다. 소금 한 꼬집, 바닐라 슈거, 베이킹파우더, 레몬 제스트 간 것을 추가한다. 그런 다음 계란 노른자를 넣고 사워크림을 적당히(치대기 좋은 만큼) 넣어서 페이스트리를 치댄다. 사용하기 전에 냉장고에서 한 시간 동안 휴지기를 둔다.

② 페이스트리를 밀대로 밀고, 세로로 홈이 새겨진 파이 접시(직경 25cm)에 페이스트리를 덧대듯이 꾹꾹 눌러 담는다. 포크로 바닥에 구멍을 낸 뒤 170도 오븐에서 15분 동안 굽는다(팁: 페이스트리를 만들 때는 최대한 차가운 밀가루로 재빨리 작업한다. 그래야 페이스트리가 손 온도 때문에 따뜻해지지 않는다. 또한 고운 중력분 밀가루를 사용한다).

③ 계란, 크림, 설탕, 바닐라 에센스를 한데 넣고 저어서 부드러운 필링을 만든다. 미리 구워 놓은 페이스트리 껍질에 필링을 붓고 그 위에 블루베리를 뿌린다. 160도 오븐에서 40분 동안 굽는다.

시나몬 케이크

퍼헤이토르타 FAHÉJTORTA

재료

페이스트리
밀가루 중력분 150g
버터 100g
아이싱 슈거 50g
바닐라 슈거 1회분 1봉지
계란 노른자 1개
레몬 제스트 간 것
소금 한 꼬집

필링
계란 3개
굵은 설탕 150g
크림 125ml
우유 125ml
소금 한 꼬집
시나몬 가루 1작은술
베이킹파우더 1회분 1봉지
아몬드 가루 200g
진저브레드 비스킷(으깬 것) 4개
설탕에 조린 레몬껍질(곱게 다진 것) 1/2작은술

① 먼저 페이스트리를 만든다. 밀가루와 아이싱 슈거, 바닐라 슈거, 소금 한 꼬집을 섞은 뒤 차가운 버터를 넣고 비빈다. 여기에 레몬 제스트 간 것과 계란 노른자를 추가한다.

② 페이스트리를 30분 동안 시원한 곳에 둔다. 그런 다음 세로로 홈이 새겨진 케이크 틀에 덧대듯이 꾹꾹 눌러 담은 뒤 180도 오븐에서 15분 동안 굽는다.

③ 필링용 재료인 계란과 설탕을 가볍고 폭신폭신해질 때까지 세게 젓는다. 우유, 크림, 소금, 시나몬을 추가한다. 마지막으로 진저브레드 비스킷 으깬 것, 아몬드, 레몬 제스트를 넣고 부드럽게 섞는다.

④ 페이스트리 껍질에 필링을 붓고 45분 동안 추가로 굽는다.

레이어드 팬케이크

추스터토트 펄러친타 CSÚSZTATOTT PALACSINTA

재료

우유 200ml
크림 200ml
계란 7개
설탕 110g
바닐라 슈거 40g
밀가루 200g
소금 한 꼬집
레몬 제스트 간 것, 오렌지 제스트 간 것
튀김용 기름이나 버터

필링
플레인 초콜릿 200g
호두 가루 100g
굵은 설탕 80g
시나몬 가루 1/2작은술

코팅
플레인 초콜릿 80g
크림 50ml

① 계란을 분리한 뒤 노른자에 설탕과 바닐라 설탕을 넣고 가볍고 폭신해질 때까지 젓는다. 여기에 우유, 크림, 소금, 레몬 제스트 간 것, 오렌지 제스트 간 것, 밀가루를 추가한다. 마지막으로 계란 흰자를 단단해질 때까지 세게 저은 뒤 앞의 혼합물에 넣어서 반죽을 묽게 만든다.

② 호두 가루와 시나몬, 설탕을 섞는다.

③ 팬에 버터를 두르고 약불에서 두꺼운 팬케이크를 여러 장 굽는다. 접시에 팬케이크 한 장을 놓고 초콜릿 간 것과 호두 가루 혼합물을 뿌린다. 팬케이크를 한 장 더 깔고, 초콜릿 가루와 호두 가루를 또 뿌린다. 팬케이크를 다 사용할 때까지 이 과정을 반복한다.

④ 남은 초콜릿을 크림과 함께 녹여서 팬케이크 전체를 코팅한다.

SAVOURY DESSERTS
짭짤한 디저트

캐러웨이 롤빵

쾨미녜시 키플리 KÖMÉNYES KIFLI

재료 (롤빵 20개분)

감자(익혀서 으깬 것) 300g
계란 노른자 3개
밀가루 350g
생이스트 20g
우유 100ml
캐러웨이 씨앗 1큰술
버터 50g
소금

① 감자에 계란 노른자 2개, 소금, 우유, 밀가루, 으깬 이스트를 섞는다. 반죽대에 밀가루를 뿌리고 도우를 5~10분 동안 잘 치댄다. 키친타월로 덮어두고 20분 동안 부풀게 둔다.

② 도우를 이등분하고 각각 3mm 두께로 민다. 도우를 12조각으로 (케이크를 자르듯) 자른다. 손으로 각 조각을 단단히 말되, 넓은 쪽부터 뾰족한 쪽으로 말아서 롤빵처럼 만든다.

③ 기름칠을 한 트레이에 롤빵 반죽을 놓고 살짝 푼 계란 노른자를 바른 뒤 캐러웨이 씨앗을 뿌린다. 큰 오븐 팬에 버터 칠을 하고 그 위에 롤빵 반죽을 놓은 뒤 180도 오븐에서 노릇노릇해질 때까지 굽는다.

양배추 턴오버

카포스타시 허시 KÁPOSZTÁS HASÉ

재료

퍼프 페이스트리 500g

필링
흰 양배추 간 것 150g
굵은 설탕 100g
소금
검은 후추
해바라기유 100ml
계란 노른자 1개(글레이즈용)

① 기름을 두른 팬에 설탕을 넣어 캐러멜라이즈한 뒤 갈아놓은 양배추를 추가한다. 소금을 살짝 뿌려 간을 하고 계속 저으면서 노릇노릇해질 때까지 푹 익힌다. 그런 뒤 검은 후추를 듬뿍 넣고, 필요하면 소금을 약간 추가한다. 가만히 두고 식힌다.

② 페이스트리를 얇게 밀어서 정사각형(10×10cm)으로 자른다. 사각형 반죽 가운데에 앞의 필링을 2작은술 넣고 삼각형이 되도록 반으로 접어 가장자리를 꽉 누른다. 물을 1큰술 섞은 계란 노른자물을 윗면에 바른다.

③ 베이킹 트레이에 올리고 195도에서 20분 동안 굽는다.

크래클링 스콘

테페르퇴시 포기 TEPERTŐS POGI

재료

밀가루 600g + 100~200g(폴딩용)
버터 200g
매시드 포테이토(껍질째 삶은 것) 300g
드라이이스트 27g
소금 40g
아이싱 슈거 30g
계란 노른자 3개
우유 50ml
구운 돼지껍질 간 것 400g
소금, 후추
계란 노른자 1~2개

① 밀가루, 감자, 소금, 이스트, 아이싱 슈거를 깊은 믹싱볼에 넣고 한데 섞는다. 계란 노른자를 가볍게 저은 뒤 미지근한 우유와 함께 섞는다. 여기에 녹인 버터와 앞의 밀가루 혼합물을 넣는다. 손이나 푸드 프로세서로 재료가 잘 섞이도록 치댄다. 반죽 위에 밀가루를 뿌리고 티타월로 덮은 뒤 따뜻한 곳에서 40분 동안 잘 부풀게 둔다.

② 반죽에 밀가루를 듬뿍 묻히고 직사각형(약 70×40cm)으로 밀어서 편다. 그 위에 구운 돼지껍질 간 것과 소금, 후추를 뿌린다. 그런 뒤 양 옆쪽을 안으로 접고, 다시 위쪽과 아래쪽을 가운데로 반씩 접는다. 전체적으로 반죽을 살짝 누르고, 뒤집어서 밀가루를 뿌린 뒤 20분 동안 휴지기를 둔다.

③ 도우를 다시 밀어서 편다. 앞과 같이 접기를 반복한 뒤 부풀도록 놔둔다. 이 과정을 20분 동안 네 번 반복한다.

④ 마지막으로 밀대를 이용해 2cm 두께로 밀어서 편다. 윗면에 칼집을 낸 뒤 중간 크기의 스콘 모양으로 자른다. 베이킹 트레이에 스콘을 올리고 계란 노른자 푼 것을 바른 뒤 190도 오븐에서 30분 동안 노릇노릇하게 굽는다.

감자 스콘

크룸플리시 포가차 KRUMPLIS POGÁCSA

재료 (25~30개 분량)

이스트 35g
아이싱 슈거 30g
우유 50ml
감자(껍질째 삶은 것) 400g
버터 400g
소금 40g
밀가루 700g
계란 노른자 3개

① 소스팬에 우유를 붓고 이스트와 설탕을 넣어 섞는다. 스토브에 올리고 낮은 불에서 데워서 부풀린다.

② 삶은 감자는 껍질을 벗긴 뒤 으깬다. 으깬 감자, 버터, 소금, 계란 노른자를 한데 섞는다. 여기에 밀가루와 앞의 우유 혼합물을 추가해 도우 반죽을 만든다. 잘 치댄 뒤 냉장고에서 하룻밤 동안 휴지기를 가진다.

③ 다음 날, 도우 반죽을 1cm 두께로 밀어서 펴고 비스킷 커터를 이용해 둥글게 찍어낸다. 따뜻한 곳에서 20~30분 동안 부풀도록 둔다(추운 날씨면 45분 동안). 스콘의 크기에 따라 180도에서 10분 또는 15분 동안 굽는다.

STRUDELS
스트루들

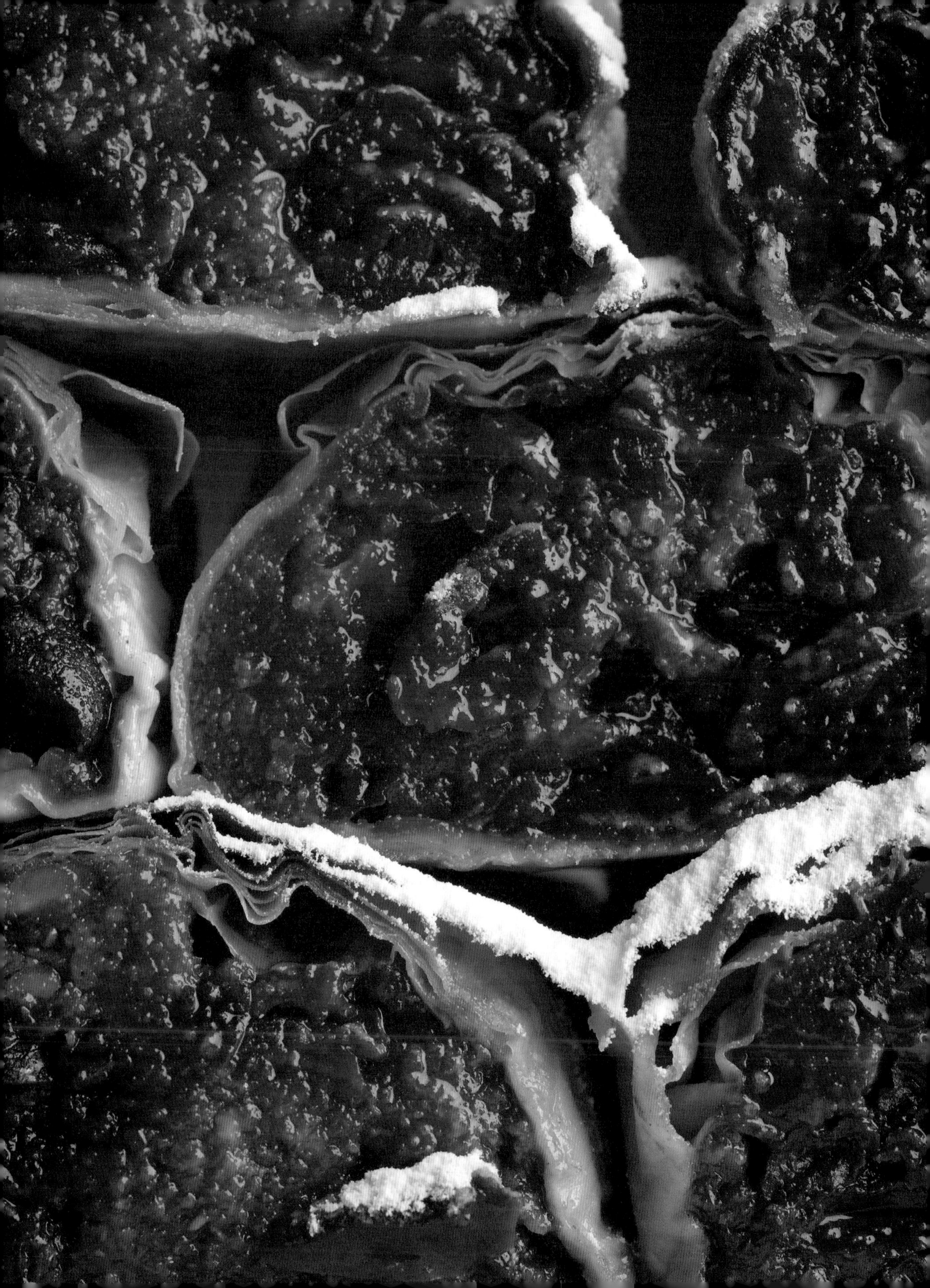

사워 체리 스트루들

메제시 리테시 MEGGYES RÉTES

재료

사워 체리(씨를 제거한 것) 1kg
설탕 150g
시나몬 1작은술
커스터드 가루 20g
스트루들 페이스트리 1덩어리(6~8장)
호두(거칠게 다진 것) 50g
해바라기유

① 소스팬에 사워 체리, 설탕, 시나몬을 넣고 약한 불에서 천천히 졸인다. 그동안 커스터드 가루에 물 100ml를 섞는다. 체리에서 즙이 나오기 시작하면 커스터드를 넣는다. 걸쭉해질 때까지 익힌다.

② 축축한 키친타월에 스트루들 페이스트리 시트를 한 장 펼치고 기름을 바른 뒤 시트 한 장을 더 올리고 기름을 또 바른다. 이어서 페이스트리 시트를 한 장 더 올리고 체리 필링 절반을 골고루 펴 바른다. 호두를 뿌린 뒤 단단하게 만다. 남은 페이스트리 시트도 앞의 과정을 반복한다(이러면 롤이 두 개 나온다).

③ 기름칠한 베이킹 트레이에 스트루들 롤을 놓고 윗면에 기름을 바른다. 190도 오븐에서 약 15~20분 동안 바삭해지도록 굽는다.

사워 체리와 양귀비 씨앗 스트루들 마코시-메제시 리테시MÁKOS-MEGGYES RÉTES

재료

양귀비 씨앗 가루 200g
굵은 설탕 120g
오렌지 제스트, 레몬 제스트 각 1개씩
시나몬 가루
우유 150ml
사워 체리(씨를 제거한 것) 300g
스트루들 페이스트리 1덩어리(6~8장)
기름

① 우유를 끓이고, 시나몬, 오렌지와 레몬 제스트 간 것, 양귀비 씨앗 가루를 넣은 뒤 걸쭉해질 때까지 익힌다. 곤죽처럼 걸쭉해지면 사워 체리를 넣은 뒤 식힌다.

② 축축한 티타월에 스트루들 페이스트리 시트를 놓고 기름을 바른 뒤 위에 시트를 한 장 더 깐다. 다시 기름을 바르고 세 번째 시트를 깐다. 그 위에 필링 절반을 바르고 단단히 만다.

③ 나머지 시트 세 장도 앞의 과정을 반복한다. 기름칠을 한 베이킹 트레이에 스트루들을 놓고 윗면에 기름칠을 한 뒤 190도 오븐에 넣고 바삭바삭하면서 노릇노릇해지도록 20분 동안 굽는다.

사과 스트루들

얼마시 리테시 ALMÁS RÉTES

재료

스투르들 페이스트리 1덩어리(6~8장)
초록 사과 1kg
굵은 설탕 200g
시나몬 스틱 2개
스트루들 페이스트리 1덩어리
버터 100g
아몬드 슬라이스 50g

① 사과 껍질을 벗기고 심을 제거한 뒤 큐브 모양(2×2cm)으로 자른다. 사과를 설탕, 시나몬 스틱과 함께 소스팬에 넣고 물기가 전부 날아갈 때까지 고온에서 익힌다.

② 축축한 티타월에 페이스트리 시트를 펼치고, 녹인 버터를 바른 뒤, 시트를 한 장 더 깔고 다시 버터를 바른다. 그리고 세 번째 시트를 깐다. 사과 필링 절반을 펴 바르고 단단하게 만다. 두 번째 스트루들 롤도 앞의 과정을 반복해서 만든다. 윗면에 버터를 바르고 아몬드 슬라이스를 뿌린다.

③180도로 예열해둔 오븐에서 25분 동안 굽는다.

초콜릿 스트루들

초콜라데시 리테시 CSOKOLÁDÉS RÉTES

재료

초콜릿 100g
아몬드 가루 100g
빵가루 100g
계란 3개
우유 50ml
굵은 설탕 130g
밀가루 중력분 30g
오렌지 제스트(곱게 다진 것) 1개
스트루들 페이스트리 1덩어리(6~8장)
버터 20g

① 빵가루, 아몬드 가루, 밀가루, 오렌지 제스트를 한데 넣고 섞는다.

② 우유에 설탕, 바닐라 슈거, 초콜릿을 넣고 익힌다. 낮은 불에 가열해 초콜릿과 설탕이 완전히 녹도록 한다. 불을 끄고 앞의 가루 재료를 넣은 뒤 잘 섞어서 필링을 만든다.

③ 계란 흰자와 노른자를 분리한다. 노른자는 앞의 필링에 섞고, 흰자는 소금 한 꼬집을 넣은 뒤 단단하게 저어 머랭을 만든다. 완전히 식힌 필링에 머랭을 조심스레 접듯이 넣는다.

④ 페이스트리 시트를 펼치고 녹인 버터를 위에 바른 뒤, 그 위에 시트를 한 장 더 올린다. 버터를 바르고 다시 시트를 한 장 올린다. 필링을 펴 바른 뒤 돌돌 말아서 끝 부분을 접는다. 완성된 스트루들을 베이킹 트레이에 올린다. 남은 페이스트리와 필링도 앞의 과정을 반복한다. 스트루들 윗면에 버터를 바르고 200도로 예열해둔 오븐에 5~6분 동안 굽는다.

⑤ 오븐 문을 열고 살짝 식혀 온도가 150도로 낮아지면 문을 닫고 다시 10분 동안 굽는다. 최소 15분 동안 놔둔 뒤 자른다.

밤 스트루들

게스테네시 리테시 GESZTENYÉS RÉTES

재료

스트루들 페이스트리 1덩어리(6~8장)

필링
밤 퓌레 250g
필라델피아 크림치즈 250g
흑설탕 150g
계란 2개
다크 럼 또는 럼 에센스 2큰술
시나몬 한 꼬집
냉동 사워 체리(씨를 제거한 것) 200g

페이스트리 기름칠용
버터 50g
밤꿀 50g

① 필링용 흑설탕, 계란, 크림치즈를 섞어서 부드러워질 때까지 젓는다. 밤 퓌레, 럼, 시나몬, 사워 체리를 추가한다.

② 버터에 꿀을 넣고 녹인다. 페이스트리 시트를 깔고 버터와 꿀 혼합물을 바른다. 이 과정을 세 번 반복한다. 즉 스트루들 한 개에 페이스트리 시트 4개를 사용한다.

③ 페이스트리에 필링의 절반을 펴 바르고 단단하게 만다. 두 번째 스트루들도 앞의 과정을 반복한다.

④ 베이킹 트레이에 스트루들 두 개를 놓는다. 윗면에 버터를 바르고 200도로 예열해둔 오븐에서 25분 동안 굽는다.

HOT DESSERTS
뜨거운 디저트

호두 팬케이크

디오시 펄러친타 DIÓS PALACSINTA

재료

반죽
계란 노른자 3개
계란 2개
밀가루 중력분 250g
우유 200ml
소다수
소금 한 꼬집
튀김용 기름

필링
계란 흰자 3개
호두 가루 150g
굵은 설탕 100g
소금 한 꼬집

① 먼저, 반죽을 잘 만들어서 사용하기 전에 잠시 휴지기를 둔다. 계란과 계란 노른자를 우유, 밀가루와 함께 부드럽게 섞는다. 소금 한 꼬집을 뿌려 간을 한 다음 소다수를 충분히 넣어 반죽이 너무 묽지도, 너무 되지도 않게 만든다.

② 이제 필링을 만든다. 계란 흰자에 소금 한 꼬집을 넣고 끝이 뾰족해질 때까지 세게 젓는다. 완성되기 직전에 설탕을 추가한다. 여기에 호두 가루를 부드럽게 접듯이 넣는다.

③ 뜨거운 팬에 기름을 두르고 팬케이크를 굽는다. 뜨거울 때 위에 필링을 펴 바른다.

베리를 곁들인 누들과 커드치즈 케이크

버르거빌레시 VARGABÉLES

재료 (10~12개)

케이크

버미첼리 130g
우유로 만든 커드 치즈 500g
설탕 150g
바닐라 설탕 10g
계란(노른자 흰자 분리한 것) 4개
사워크림 200ml
레몬 제스트 1개
스트루들 페이스트리(냉동) 250g
녹인 버터 50g

소스

설탕 50g
토커이어수 와인(또는 디저트 와인) 100ml
옥수수 전분 1큰술
블랙베리 100g
블루베리 100g
레드커런트 100g

① 소금을 소량 넣은 물에 버미첼리를 익히고 식힌 뒤 물기를 빼고 한쪽에 치워둔다. 커드 치즈를 체에 거른다. 커드 치즈와 설탕 100g, 바닐라 슈거, 계란 노른자, 레몬 제스트, 사워크림을 섞는다. 여기에 버미첼리를 넣고 휘젓는다.

② 계란 흰자에 남은 설탕을 넣고 거품기로 휘저어 머랭을 만든다. 머랭을 앞의 커드 치즈 혼합물에 접듯이 넣는다.

③ 베이킹 트레이에 스트루들 페이스트리를 펼치되 가장자리가 테두리에 걸쳐지도록 한다. 그래야 나중에 접을 수 있다. 녹인 버터의 1/3을 위에 조금 붓고 커드 치즈 혼합물을 펴 바른다. 밖으로 튀어나온 페이스트리를 안으로 접어 넣는다. 그리고 남은 스트루들 페이스트리를 위에 놓는다. 녹인 버터를 바르고 150도에서 40~45분 동안 굽는다. 슬라이스하기 전에 최소 30분 동안 휴지기를 가진다.

④ 소스의 경우, 설탕에 물 5ml를 추가해 연한 갈색의 캐러멜라이즈 상태로 만든 뒤 물과 와인 200ml를 추가한다. 소스가 끓으면 차가운 물 3큰술을 넣은 옥수수 전분물을 추가해서 걸쭉하게 만든다. 여기에 과일을 넣고 다시 끓인 뒤 불을 끈다. 케이크에 곁들여서 대접하되 뜨겁게나 차갑게나 상관없다.

자두잼과 브랜디를 넣은 팬케이크

실버레크바로시 펄러친타 SZILVALEKVÁROS PALCSINTA

재료 (12개)

계란(노른자 흰자 분리한 것) 7개
설탕 110g
바닐라 슈거 40g
우유 200ml
크림 200ml
밀가루 200g
소금 한 꼬집
레몬 제스트 간 것 1개
오렌지 제스트 간 것 1개
해바라기유 또는 튀김용 버터 200ml
자두잼 400ml
플럼브랜디(팔린카) 50ml

① 계란 흰자를 단단하게 저은 뒤 옆으로 치워둔다.

② 계란 노른자에 설탕을 섞고 걸쭉해질 때까지 젓는다. 여기에 우유, 크림, 소금, 레몬 제스트 간 것, 오렌지 제스트 간 것, 밀가루, 앞의 계란 흰자를 넣어서 부드럽게 섞는다.

③ 크레페팬(또는 프라이팬)에 버터나 기름을 두르고 낮은 불에서 팬케이크를 두껍게 굽는다. 자두잼에 브랜디를 섞고 팬케이크 속에 채운다. 아이싱 슈거를 뿌려서 맛을 낸다.

살구 덤플링

버러츠코시 곰보츠 BARACKOS GOMBÓC

재료 (20개분)

도우
감자 1kg
계란 노른자 2개
해바라기유 2큰술
밀가루 150~200g
소금 한 꼬집

필링과 코팅
살구(이등분 또는 사등분한 것. 씨를 제거한 것) 500g
조각 설탕(이등분한 것) 20개
시나몬 한 꼬집
빵가루 150g
버터 100g

① 감자를 껍질째 익힌다. 식기 전에 껍질을 벗기고 감자 라이서로 으깬다. 여기에 계란 노른자, 기름, 소금을 넣고 섞는다. 밀가루를 충분히 넣어 반죽하고 밀기 좋도록 도우를 만든다. 옆으로 치워놓는다.

② 그동안 프라이팬에 버터를 두르고 빵가루를 갈색으로 굽는다. 옆으로 치워둔다.

③ 도우를 밀고 약 8cm의 정사각형으로 자른다. 각 사각형 도우 안에 살구 조각을 넣고 이등분한 조각 설탕을 올린다. 네 모서리를 접어서 둥근 만두 모양으로 만든다. 끓는 물에 익힌 뒤 물을 따라내고 빵가루와 시나몬에 굴린다.

라이스 수플레

리쥐펠푸이트 RIZSFELFÚJT

재료

쌀 300g
우유 1l
굵은 설탕 100g
바닐라 빈 1개
계란 6개
아이싱 슈거 120g
레몬 제스트 간 것 1개

① 물 200ml에 소금을 살짝 넣고 쌀을 익힌 뒤 우유를 천천히 붓는다. 쌀이 부드러워질 때까지 계속 저으면서 익힌다. 쌀이 익으면 베이킹 페이퍼나 트레이 위에 펼쳐서 재빨리 식힌다. 그동안 레몬 제스트를 갈아 넣고, 바닐라 빈을 긁어서 뿌린다.

② 계란 6개에 아이싱 슈거를 넣고 가볍고 폭신폭신해질 때까지 젓는다. 여기에 앞의 식힌 쌀을 넣고 저은 뒤 혼합한 반죽을 빵가루를 뿌린 베이킹트레이에 뒤적이듯 놓는다.

③ 160도로 예열한 오븐에서 50분 동안 굽는다. 홈메이드 라즈베리 시럽, 잼, 과일 절임은 물론 초콜릿 소스까지 다양하게 곁들여서 대접할 수 있다.

커드 치즈 덤플링

투로곰보츠 TÚRÓGOMBÓC

재료

커드 치즈 1kg
세몰리나 2큰술
밀가루 중력분 2큰술
기름 4큰술
계란 1개
빵가루 2큰술

코팅
빵가루 100g
버터 40g

① 커드 치즈를 세몰리나, 밀가루, 기름, 계란, 마지막으로 빵가루와 함께 섞는다. (순서를 꼭 지키도록 한다!) 30분 동안 냉장고에서 휴지기를 가진 뒤 젖은 손으로 일정한 모양의 덤플링을 만든다.

② 덤플링을 끓는 물에 넣고, 물 위로 떠오르면 1분 동안 더 끓인다.

③ 프라이팬에 버터를 녹이고 빵가루를 노릇노릇해질 때까지 튀긴다. 튀긴 빵가루에 뜨거운 덤플링을 굴린다.

④ 사워크림에 아이싱 슈거, 레몬 제스트 간 것을 섞어서 함께 대접한다.

꿀과 잼을 채운 사과 미제시-레크바로시 퇼퇴트 얼머 MÉZES-LEKVÁROS TÖLTÖTT ALMA

재료

페이스트리
밀가루 300g
버터 200g
아이싱 슈거 100g
계란 노른자 1개
사워크림 1~2작은술
레몬 제스트 간 것
바닐라 슈거 1작은술
베이킹파우더 한 꼬집
소금 한 꼬집

필링
단단한 사과 4개
호두(거칠게 간 것) 150g
레드커런트 혹은 기타 붉은 잼 2~3큰술
아카시아 꿀 2~3큰술
시나몬 스틱 1개
설탕 2큰술
레몬주스 몇 방울

① 밀가루에 아이싱 슈거를 섞은 다음 차가운 버터를 넣고 비벼서 빵가루를 만든다. 소금 한 꼬집, 바닐라 슈거, 베이킹파우더, 레몬 제스트 간 것을 추가한다. 여기에 계란 노른자를 넣고 함께 치댄 뒤 사워크림을 알맞게 넣어 점성이 좋은 페이스트리 반죽을 만든다. 냉장고에서 한 시간 동안 휴지기를 가진다.

② 사과 껍질을 벗기고 심을 제거한다(가운데 구멍을 최대한 크게 만들되, 사과가 부서지지 않도록 조심하라). 시나몬과 설탕을 소량 섞은 물에 사과를 넣고 1분 동안 익힌다. 즙이 물에 잘 우러나게 하되 조각조각 부서지지 않도록 주의한다.

③ 호두에 꿀과 잼을 섞어서 걸쭉하게 만든다. 식힌 사과 속에 호두 혼합물을 채운다.

④ 페이스트리를 얇게 밀어서 직경 약 15cm의 동그란 반죽 네 개를 만든다. 그런 뒤 반죽 한가운데 사과를 놓는다. 페이스트리 가장자리에 긴 칼집을 여덟 개 내고 반죽이 조금씩 겹치게끔 사과를 덮는다. 페이스트리 조각들이 서로 잘 붙도록 계란물을 바른다. 이해하기 어렵다면 옆 페이지에서 페이스트리가 사과를 감싼 모양을 확인하기 바란다!

⑤ 반죽으로 사과를 잘 감쌌으면 반죽 겉면에 계란물을 바른다. 그런 다음 180도 오븐에서 노릇노릇하게 굽는다.

⑥ 꺼내고 몇 분 뒤 바로 먹어도 상관없으나, 필링이 뜨거우니 입천장을 데지 않도록 조심하라!

사과와 머랭 브레드와 버터 푸딩

마겨러카시 MÁGLYARAKÁS

재료

브리오슈 큰 것 1개(500g)
초콜릿 우유 1l
굵은 설탕 120g
계란 7개
아이싱 슈거 250g
바닐라 빈 1개
초록 사과 500g
호두 가루 50g
살구잼 100g
버터 30g

① 브리오슈를 손가락 두께로 썰고 180도 오븐에서 살짝 굽는다. 우유에 굵은 설탕과 바닐라 빈을 긁어 넣고 끓인다. 구운 브리오슈에 끓인 우유를 붓고 식힌다.

② 계란 노른자에 아이싱 슈거 100g을 넣고 가볍고 폭신폭신해질 때까지 거품기로 젓는다. 그런 다음 앞의 브리오슈와 섞는다. 버터를 바른 베이킹 트레이에 브리오슈를 놓고 위에 사과(껍질을 깎고 슬라이스한 것)를 덮는다. 살구잼을 바르고 호두를 뿌린다.

③180도로 예열한 오븐에서 40분 동안 굽는다.

④ 그동안 남은 아이싱 슈거 절반과 계란 흰자를 세게 저어서 머랭을 만든다. 단단해지기 전에 남은 아이싱 슈거를 전부 넣는다.

⑤ 브리오슈 위에 머랭을 펴 바르고 180도에서 10~12분 동안 추가로 굽는다.

커드 치즈 덤플링 수플레

슈티리어이 메틸트 STÍRIAI METÉLT

재료 (8인분)

우유로 만든 커드 치즈 500g
밀가루 100g
계란 4개
소금 한 꼬집
우유 1l
설탕 200g
바닐라 빈 1개
사워크림 200ml
레몬 제스트 간 것 1큰술
버터 20g
빵가루 2큰술

① 커드 치즈에 밀가루, 계란 1개, 소금을 섞는다. 재료를 한데 치대서 손가락 모양의 덤플링을 만든다. 우유에 바닐라 빈, 설탕 100g을 넣고 데운 뒤 덤플링을 넣고 익힌다.

② 계란 흰자를 세게 젓는다. 다른 그릇에 계란 노른자 세 개, 설탕 100g을 넣고 세게 저은 뒤, 사워크림, 앞의 계란 흰자, 레몬 제스트를 넣고 휘젓는다. 덤플링과 잘 섞어서 버터와 빵가루로 코팅한 수플레 그릇에 붓는다.

③160도 오븐에서 20~25분 동안 굽는다.

커드 치즈 스터프드 롤

투로벌 퇼퇴트 죔레 TÚRÓVAL TÖLTÖTT ZSÖMLE

재료

롤빵 8개
커드 치즈 500g
바닐라 슈거 1회분 2봉지
굵은 설탕 100g
계란 노른자 3개
레몬 제스트 간 것 1개
사워크림 200ml
건포도(선택)
우유 200ml
버터 500g

① 커드 치즈를 으깨어 바닐라 슈거, 설탕, 계란 노른자, 사워크림 150ml, 레몬 제스트 간 것과 섞는다.

② 롤빵의 윗부분을 자르고 속을 긁어낸다. 파낸 속은 작은 조각으로 찢어서 앞의 필링 반죽에 섞어 넣는다.

③ 우유를 데우고 롤빵을 1~2초 정도 우유에 적신다. 그런 다음 즉시 베이킹 트레이에 놓는다. 너무 오래 적시면 롤빵이 흐물흐물해져버리니 유의하라!

④ 숟가락으로 필링을 떠서 롤빵을 채운 뒤 뚜껑을 덮는다(뚜껑 역시 우유에 1초 동안 담근다). 뚜껑에 남은 사워크림을 바르고 녹인 버터를 살짝 부은 뒤 200도 오븐에서 20~25분 동안 바삭바삭해질 때까지 굽는다. 개인적으로는 아이싱 슈거를 듬뿍 뿌리면 특히 맛있다고 생각한다. 오븐에서 막 꺼내 뜨거울 때 먹는 게 최고다.

플럼잼과 양귀비 씨앗 버미첼리

실버레크바로시 마코시 메텔트 SZILVALEKVÁROS MÁKOS METÉLT

재료

버미첼리 250g
아이싱 슈거 100g
양귀비 씨앗 가루 100g
자두잼 150g
버터 50g

시럽
오렌지 2개
굵은 설탕 200g
물 200ml

① 끓는 연한 소금물에 버미첼리를 넣어 익힌 뒤 물을 완전히 따라내고 식힌다. 자두잼을 넣은 다음, 아이싱 슈거와 섞은 양귀비 씨앗 가루를 넣고 섞는다.

② 녹인 버터를 추가하고 골고루 섞은 뒤 베이킹 트레이에 붓고 윗면을 고르게 만든다. 160도로 예열한 오븐에서 40분 동안 굽는다. 그동안 오렌지 주스, 오렌지 제스트 간 것, 물, 설탕을 익혀 걸쭉한 시럽을 만든다.

③ 오븐에서 버미첼리를 꺼내고 시럽의 1/3을 붓는다. 20분간 더 구운 뒤 남은 시럽의 절반을 붓는다. 마지막으로 20분 동안 굽고 남은 시럽을 모두 붓는다.

④ 15분 동안 두었다가 대접한다.

황금 호두 덤플링

어러니걸루시카 ARANYGALUSKA

재료

발효시킨 도우
밀가루 중력분 500g
우유 200ml
이스트 40g
아이싱 슈거 50g
녹인 버터 70g
계란 노른자 5개
소금 한 꼬집

크림
호두 가루 150g
굵은 설탕 150g
버터 100g

① 밀가루를 체에 치고 따뜻한 곳에 둔다.

② 우유를 데우고 설탕을 조금 추가한 뒤, 이스트를 부숴서 넣고 10~12분 동안 부풀도록 둔다.

③ 체에 친 밀가루에 아이싱 슈거, 소금 한 꼬집, 계란 노른자, 앞의 발효한 이스트, 녹인 버터를 추가한다. 손이나 푸드 프로세서를 이용해서 반죽을 부드럽게 섞는다. 기공이 보이기 시작하면 밀가루를 조금 뿌리고 티타월로 덮은 뒤 따뜻한 곳에서 30분 동안 부풀도록 둔다. 너무 시원한 곳에 두면 도우가 부풀어 오르지 않고, 우유가 너무 뜨거우면 이스트의 포자가 죽으니 유념한다.

④ 도우를 스콘 사이즈로 찢어서 녹인 버터에 뒤적거린 뒤 베이킹 트레이 바닥에 절반만 놓는다. 설탕과 호두 가루 혼합물을 뿌리고, 남은 도우를 그 위에 쌓는다. 설탕과 호두 가루 혼합물을 다시 뿌린다. 180도로 예열한 오븐에서 넉넉잡고 30분 동안 굽는다.

⑤ 커스터드와 함께 대접해도 좋다. 계란 노른자 네 개에 설탕 8큰술과 밀가루 1큰술(수북이)을 섞고 바닐라 에센스 1작은술을 추가한다. 여기에 우유 반 리터, 휘핑크림 200ml를 천천히 붓고 데운다. 걸쭉해질 때까지 계속 저으면서 익힌다. 불을 꺼도 계속 걸쭉해지는 것을 감안해 불 끄는 시간에 주의한다.

⑥ 식힌 다음 대접한다. 하지만 미지근할 때 대접해도 맛있다.

구운 플럼 잼 도넛

실버레크바로시 켈트 팡크 SZILVALEK VÁROS KELT FÁNK

재료

밀가루 중력분 500g
생이스트 35g
미지근한 우유 250ml
설탕 70g
버터 80g
소금 1/2작은술
레몬 제스트 간 것 1개
계란 노른자 3개
자두잼 200g
프룬 200g
플럼 브랜디(팔린카) 50ml
소금 한 꼬집

① 프룬을 사등분하고 플럼 브랜디와 섞은 뒤 밤새 놔둔다. 다음 날 자두잼과 함께 섞는다.

② 밀가루는 체에 쳐서 그릇에 담고, 미지근한 우유 100ml에 설탕 약간과 함께 이스트를 부숴 넣는다. 밀가루 가운데를 옴폭하게 파고 우유를 붓는다. 반죽을 잘 치댄 다음 밀가루를 뿌리고 티타월로 덮어서 따뜻한 곳에 (윗면에 살짝 금이 갈 때까지) 부풀도록 둔다. 반죽이 부풀면 계란 노른자 두 개, 녹인 버터, 남은 설탕, 우유, 레몬 제스트, 소금 한 꼬집을 추가한다. 잘 섞이도록 치댄다.

③ 도우를 다시 따뜻한 곳에서 반 시간 동안 부풀도록 둔다. 그런 다음 작은 덤플링 모양으로 만다(손으로 빨리 뜯어도 좋고 스콘 커터로 둥글게 찍어내도 좋다). 버터 칠을 한 베이킹 트레이에 도넛을 놓고 엄지손가락으로 가운데를 살짝 누른다. 플럼잼 혼합물을 테이블스푼으로 한 숟가락 듬뿍 떠서 옴폭한 가운데에 놓는다.

④ 남은 계란 노른자를 도넛에 바르고 200도로 예열한 오븐에서 25~30분 동안 굽는다. 살짝 식힌 다음 대접한다.

도넛

팡크 FÁNK

재료 (15~20개)

밀가루(체에 친 것) 500g
우유 200ml
생이스트 40g
아이싱 슈거(체에 친 것) 50g
계란 노른자 5개
버터 녹인 것 70g
해바라기유 300ml
소금

① 밀가루를 따뜻한 곳(이를테면 뜨거운 오븐 문을 열어놓고 그 앞)에 둔다.

② 우유를 데우고 소금 한 꼬집을 추가한 다음 이스트를 부숴서 넣는다. 이스트가 부풀어 오르도록 10~12분 동안 가만히 둔다.

③ 설탕, 소금 한 꼬집, 계란 노른자, 앞의 이스트 혼합물, 밀가루를 섞는다. 버터를 추가하면서 손으로 섞기 시작한다. 도우가 폭신폭신하니 부드러워질 때까지 치댄다. 다 치대면 밀가루를 뿌리고 키친타월로 덮은 뒤 따뜻한 곳에서 30분 동안 부풀도록 둔다.

④ 반죽대에 밀가루를 뿌리고 도우를 옮긴 뒤, 2~3cm 두께로 민다. 비스킷 커터를 이용해 6cm 크기의 원형으로 찍어내고 밀가루를 뿌린다. 다시 키친타월로 덮고 도우가 부풀도록 10분 동안 둔다. 도넛 가운데에 구멍을 뚫는다.

⑤ 중온의 기름에 튀긴다. 양면을 각각 3분, 그리고 2분 동안 튀긴다. 체로 건져낸 뒤 종이 타월에 놓고 기름을 뺀다. 도넛 가운데 살구잼을 넣고 아이싱 슈거를 뿌려서 대접한다.

양귀비 씨앗 브레드 푸딩

마코시 구버 MÁKOS GUBA

재료

양귀비 씨앗 가루 100g
아이싱 슈거 50g
우유 500ml
설탕 30g
바닐라 빈 1개(긁어서 쓸 것)
주사위 모양으로 썬 롤빵 10개
(또는 일반 빵 3~4조각. 가급적이면 오래된 것. 갓 구운 빵이면 따뜻한 오븐에 넣고 말린 것)
마스카포네 150g
버터 30g

① 양귀비 씨앗 가루를 아이싱 슈거와 섞는다. 우유에 설탕과 바닐라 빈을 넣고 끓인다. 끓인 우유를 빵조각 위에 붓는다. 빵이 우유를 흡수하면, 양귀비 씨앗 혼합물과 함께 뒤적인다.

② 내용물을 베이킹 접시로 옮긴 뒤 마스카포네 치즈를 넣어 휘젓고, 버터를 부숴서 올린다. 220도 오븐에서 15분 동안 굽는다.

황제의 빵 부스러기

차사르모르져 CSÁSZÁRMORZSA

재료

계란(흰자와 노른자 분리한 것) 3개
아이싱 슈거 100g
버터 100g
우유 500ml
소금 한 꼬집
레몬 제스트 간 것 1개
세몰리나 250g
탄산수 200~300ml
살구잼 100g

① 계란 노른자에 설탕 절반과 버터 절반을 넣고 되직해질 때까지 젓는다. 우유, 레몬 제스트 간 것, 세몰리나, 소금을 넣고 부드럽게 섞는다.

② 다른 그릇에 계란 흰자와 남은 설탕을 넣고 단단해질 때까지 젓는다. 여기에 앞의 노른자 혼합물을 넣고 부드러워질 때까지 섞은 뒤 탄산수를 추가해 반죽을 걸쭉하게 만든다.

③ 베이킹 트레이에 남은 버터를 넣고 가열한 뒤 반죽을 붓고 180도로 굽는다. 굽는 도중에 자주 휘저어서 완성됐을 때 빵 부스러기처럼 되도록 한다.

④ 아이싱 슈거를 뿌리고 살구잼과 함께 대접한다.

살구잼으로 채운 파스타 포켓

버라트퓔레 BARÁTFÜLE

재료(20~25개)

감자 1kg
계란 노른자 2개
해바라기유 2큰술
밀가루 150~200g
자두잼 200g
빵가루 150g
버터 100g
소금 한 꼬집

① 감자를 껍질째 익힌다. 뜨거울 때 껍질을 벗기고 감자 라이서로 으깬다.

② 으깬 감자에 계란 노른자, 기름, 소금, 충분한 양(도우를 쉽게 밀 수 있을 정도)의 밀가루를 넣고 반죽한다.

③ 도우를 식힌다. 그동안 프라이팬에 버터를 녹이고 빵가루를 노릇하게 굽는다.

④ 도우를 밀어서 약 8cm 길이의 정사각형으로 자른다. 사각형 도우 속에 잼 한 순가락을 놓고 반으로 접어서 누른다.

⑤ 끓는 물에 익힌 뒤 물을 따라내고 빵가루에 굴린다.

사워 체리 펄스

메제시 에르세니 MEGGYES ERSZÉNY

재료

버터 페이스트리
밀가루 중력분 550g
버터 500g
계란 2개
식초 1큰술
소금 한 꼬집

필링
사워 체리 1kg
커스터드 가루 1회분 1봉지
설탕 200g
찬물 100ml
계란 노른자 2개

① 버터 50g과 밀가루 50g을 잘 비비고 주물러서 직사각형 모양으로 만든 뒤 냉장고에 넣는다. 차갑게 식히는 동안, 남은 밀가루와 버터, 소금 한 꼬집, 식초를 함께 치대서 페이스트리 반죽을 만든다. 밀가루를 뿌린 반죽대 위에 반죽을 올리고 티타월을 덮은 뒤 30분 동안 휴지기를 가진다. 그런 다음 손가락 두께로 밀고, 앞의 차가운 버터를 가운데 놓는다. 페이스트리의 사면을 접은 뒤 다시 밀대로 밀어서 손가락 두께의 직사각형으로 만든다. 그런 다음 페이스트리를 겹이 하나인 형태와 겹이 두 개인 형태로 민다. 이 과정을 여러 번 반복한다.

② 페이스트리를 접고 밀 때마다 20분 동안 시원한 곳에 두고 휴지기를 가진다. 겹이 하나인 것의 경우, 마음속으로 직사각형 페이스트리를 삼등분한 뒤, 1/3 지점에서 한 면을 안으로 접고, 남은 부분을 또 안으로 접는다. 그리고 다시 직사각형이 되도록 길게 민다. 겹이 두 개인 경우, 마음속으로 직사각형 페이스트리를 이등분한 뒤, 양쪽 끝을 가운데로 접고, 다시 긴 양쪽 끝을 가운데로 접은 뒤 역시 길게 민다. 완성된 버터 페이스트리는 냉장고에 넣어둔다. 이 작업은 빨리 끝내야 한다. 그래야 속에 든 버터가 녹지 않는다.

③ 페이스트리를 얇게 밀고 직사각형(5×10cm)으로 자른다. 페이스트리 조각 한가운데 숟가락으로 필링을 떠 넣고 필링이 묻지 않은 반죽의 한쪽을 안으로 접는다. 접은 반죽에 계란 노른자를 바른 뒤 다른 쪽 끝을 안으로 접는다. 겹쳐진 부분이 서로 잘 붙도록 한다.

④ 그런 뒤 페이스트리를 뒤집어서 반죽이 겹친 부분이 아래로 향하게 한다. 날카로운 칼로 페이스트리 윗면에 칼자국을 낸다. 남은 계란 노른자를 윗면에 바르고 190도 오븐에서 20~25분 동안 굽는다.

프룬과 마지팬 프리터

러커토시이너시 LAKATOSINAS

재료

프룬(씨앗 제거한 것) 40개
럼 200ml
마지팬 200g
아이싱 슈거 3큰술
시나몬 1작은술 (위를 깎은 것)
튀김용 기름

팬케이크 반죽
계란 2개
밀가루 80g
우유 100ml
소금 한 꼬집
물

① 팬케이크 반죽을 먼저 준비한다(그래야 잠시 휴지기를 둘 수 있다). 계란을 밀가루, 우유, 소금과 함께 세게 저은 뒤 물을 충분히 넣어 팬케이크 반죽을 걸쭉하게 만든다. 그런 다음 옆에 잠시 치워 둔다.

② 럼을 살짝 데우고 프룬을 30분 동안 럼에 담근다. 프룬이 불면 럼에서 꺼내(남은 럼은 마셔도 좋다) 종이 타월로 물기를 없앤다.

③ 프룬마다 한가운데에 마지팬을 조금 채운 다음, 팬케이크 반죽에 담갔다 꺼내 뜨거운 기름에 튀긴다. 기름기를 제거하고 뜨거울 때 시나몬, 아이싱 슈거를 뿌린다.

잼을 채운 크레센트 롤 프리터

레크바로시 키플리 LEKVÁROS KIFLI

재료

크레센트 롤(초승달 모양의 빵. 2~3일 묵은 것) 8개
우유 200ml
바닐라 슈거 1회분 1봉지
굵은 설탕 50g
살구잼
튀김용 식물성 기름

반죽
계란 2개
밀가루 80g
우유 100ml
소금 한 꼬집
물

① 먼저 반죽을 준비하는데, 계란과 밀가루, 우유, 소금을 세게 저은 뒤 물을 충분히 넣어 팬케이크 반죽을 걸쭉하게 만든다.

② 우유에 설탕과 바닐라 슈거를 넣고 끓여 바닐라 밀크를 만든다.

③ 초승달 모양의 롤빵을 반으로 자르고(샌드위치 만들 때처럼 세로가 아니라, 가로로 자른다) 손가락으로 롤의 한가운데를 푹 찌른다. 롤빵마다 속에 바닐라 밀크 2작은술 정도, 그리고 잼 1작은술을 채운다.

④ 롤빵에 팬케이크 반죽옷을 입히고 뜨거운 기름에 튀긴다. 설탕과 시나몬을 뿌려서 대접한다.

침니 케이크

퀴르퇴시 컬라치 KÜRTŐS KALÁCS

재료

'황금 호두 덤플링'과 같은 도우(92쪽 참고)

시나몬 맛
굵은 설탕 120g
시나몬 가루 1작은술

호두 맛
굵은 설탕 100g
호두 가루 50g

① 도우를 얇게 밀어서 1cm 넓이로 길게 자른다. '침니 케이크' 전용 막대가 없다면 밀방망이를 이용한다. 밀방망이에 기름을 약간 묻히고 도우 조각을 단단히 감는다. 젖은 손으로 도우를 문지르고, 호두 가루나 시나몬 슈거를 뿌린다. 손잡이 부분을 알루미늄 호일로 감싸서 타지 않도록 보호한다.

② 뜨거운 숯불 위에 막대를 올려놓고 계속 돌리면서 노릇노릇하게 굽는다.

군델 팬케이크

군델 펄러친타 GUNDEL PALACSINTA

재료

팬케이크
계란 노른자 3개
계란 2개
밀가루 250g
우유 200ml
탄산수
소금 한 꼬집

필링
호두 가루 150g
굵은 설탕 80g
물 200ml
오렌지 1개(제스트 간 것과 주스)

소스
플레인 초콜릿 100g
크림 100ml
다크 럼 30ml

① 반죽을 먼저 준비한다. 잠시 휴지기를 두었다가 사용하면 반죽이 더 좋아진다.

② 계란과 계란 노른자에 우유, 밀가루를 넣고 부드러워질 때까지 세게 젓는다. 반죽에 소금 한 꼬집을 넣은 뒤 탄산수를 추가해 반죽이 너무 묽지도 되지도 않도록 한다.

③ 필링을 만든다. 물, 설탕, 오렌지를 끓인 뒤 호두 가루를 뿌리고 2~3분 동안 익힌다.

④ 소스용 재료들을 중탕냄비에 넣고 최대 70도로 가열한다.

⑤ 기름을 두른 뜨거운 프라이팬에 반죽을 붓고 팬케이크를 얇게 굽는다. 팬케이크가 뜨거울 때 필링을 펴서 바른다. 삼각형으로 접고 럼과 초콜릿 소스를 붓는다.

코코아, 시나몬, 자두잼 또는 호두를 곁들인 번 커커오시 치거 KAKAÓS CSIGA

재료 (15개분)

퍼프 페이스트리 500g
계란 노른자(가볍게 저은 것) 1개

필링(다음 중 하나를 선택)
걸쭉한 홈메이드 자두잼
설탕을 섞은 시나몬
아이싱 슈거와 섞은 호두 가루
질 좋은 코코아 가루

① 퍼프 페이스트리 도우를 두께 2mm, 너비 20cm로 민다. 준비한 필링 중 하나를 도우에 바른 뒤 도우를 단단히 만다.

② 기름칠을 하고 밀가루를 뿌린 베이킹 트레이에 돌돌 만 도우를 놓는다. 약 5mm 두께로 자르고, 자른 조각을 손으로 가볍게 누른다. 계란 노른자를 바른다.

③ 170도 오븐에서 15~20분 구워서 완성한다.

MISCELLANEOUS
그 밖의 다양한 디저트

자두 타르트

실바시 레페니SZILVÁS LEPÉNY

재료

페이스트리
밀가루 중력분 300g
버터 200g
아이싱 슈거 100g
계란 노른자 1개
사워크림 1~2작은술
레몬 제스트 간 것
바닐라 슈거 1작은술
베이킹파우더 한 꼬집
소금 한 꼬집

필링
자두 600g
황설탕 150g
시나몬 가루 1작은술
호두 다진 것 한 줌
자두잼 3큰술
계란 노른자 1개

① 밀가루에 아이싱 슈거를 넣고 섞은 다음 차가운 버터를 넣고 비빈다. 소금 한 꼬집, 바닐라 슈거, 베이킹파우더, 레몬 제스트 간 것을 추가한다. 그런 다음 계란 노른자를 넣어 치대고, 사워크림을 적당량 넣어서 도우를 잘 반죽한다. 냉장고에서 한 시간 동안 휴지기를 가진다.

② 자두를 반으로 가르고, 씨를 제거한 뒤 사등분한다. 자두잼, 설탕, 시나몬을 뭉근히 끓인 뒤에 자두를 추가하고 더 끓인다.

③ 파이팬(25cm)에 도우의 2/3를 덧대듯이 꾹꾹 눌러 담는다. 150도로 예열해둔 오븐에서 10~15분 동안 빈 도우만 먼저 노릇노릇하게 굽는다. 그런 다음 식힌다. 이제 숟가락으로 필링을 채운다(필링이 너무 묽으면 빵가루를 몇 큰술 섞는다). 거칠게 다진 호두를 뿌린다.

④ 남은 도우를 밀어서 직사각형으로 자른 뒤 다시 길고 가늘게 자른다. 길게 자른 조각을 필링 위에 격자 문양으로 놓는다. 계란 노른자를 바르고 170도로 예열한 오븐에서 30~35분 동안 굽는다.

라즈베리와 크림 스펀지 롤

말나시-허보시 피슈코터테케르치 MÁLNÁS-HABOS PISKÓTATEKERCS

재료

크림
더블 크림 500ml
라즈베리 300g
오렌지 제스트 간 것 1개
오렌지 리큐어(트리플 섹) 또는 오렌지 에센스 10ml
바닐라 슈거 10g
굵은 설탕 40g
휘핑 크림 안정제 200g

스폰지 케이크
계란 4개
밀가루 중력분 80g
굵은 설탕 80g
물 2큰술
소금 한 꼬집

① 계란 노른자를 설탕과 함께 세게 저은 다음 밀가루를 조금씩 섞는다. 계란 흰자는 끝이 뾰족해지도록 거품기로 저은 뒤 물과 함께 앞의 혼합물에 부드럽게 접듯이 넣는다. 크고 편편한 베이킹 트레이에 내유지(기름이 배지 않는 종이)를 덧대고 반죽을 얇게 펴 바른 뒤 180도로 예열해둔 오븐에 노릇노릇해질 때까지 굽는다.

② 스펀지를 트레이에서 들어내고 뜨거울 때 종이를 제거한다. 스펀지를 단단하게 말고 다시 종이나(종이를 제거하다가 찢어졌다면) 티타월로 감싼다. 스펀지케이크가 뜨거울 때 단단하게 마는 것이 중요하다. 식고 난 뒤에 말면 케이크가 찢어질 가능성이 높다.

③ 스펀지를 식히는 동안 필링을 만든다. 크림에 크림 안정제와 설탕을 넣고 단단해질 때까지 젓는다. 케이크를 장식할 양(6큰술)만큼 따로 덜어 놓고 나머지 크림에 오렌지 리큐어, 오렌지 제스트, 바닐라 슈거를 넣어 맛을 낸다. 크림에 라즈베리를 섞고, 스펀지를 풀어서 필링을 펴 바른다. 크림 필링을 바른 스펀지를 조심스레 다시 만 다음 남은 크림으로 겉을 바르고 냉장고에서 최소 5~6시간 동안 차갑게 둔다. 두껍게 잘라서 대접한다.

프룬을 곁들인 세몰리나 크림 어설트 실바시 더러푸딩 ASZALT SZILVÁS DARAPUDING

재료

우유 1l
세몰리나 180g
설탕 200g
바닐라 빈 1개
프룬 500g
소금 한 꼬집
크림 200ml
시나몬 1/2작은술

① 프룬을 작게 조각조각 자르고 시나몬과 섞는다.

② 우유에 바닐라 빈을 긁어 넣고 끓이면서 세몰리나, 소금 한 꼬집, 설탕 절반을 추가한다. 약한 불에서 계속 저으면서 뭉근히 끓인다.

③ 앞의 세몰리나 혼합물을 다른 접시로 옮기고, 프룬을 섞은 뒤 살짝 식기를 기다린다.

④ 크림에 남은 설탕을 넣고 거품기로 걸쭉해질 때까지 저은 뒤 세몰리나 혼합물에 조심스레 접듯이 넣는다.

⑤ 유리그릇이나 미트로프 틀에 붓고 냉장고에서 2~3시간 동안 차갑게 둔다.

⑥ 녹인 자두잼이나 캐러멜을 부어서 대접한다.

마르멜로 치즈

비르셜머셔이트 BIRSALMASAJT

🧁 재료

마르멜로 2kg
굵은 설탕 1.65kg
레몬 2개
물 300ml

① 사랑하는 할머니로부터 물려받은 레시피다. 할머니는 언제나 마르멜로 치즈를 만드셨다. 굉장히 만들기 쉬운 디저트다.

② 우선 마르멜로의 껍질을 벗기고 얇게 저민 뒤, 설탕, 물, 레몬주스를 넣고 시럽을 만든다.

③ 마르멜로를 추가하고 뚜껑을 덮어 뭉근해질 때까지 익힌다. 익히는 동안 자주 젓는다. 고운체에 거른다. 원하면 호두를 조금 넣어도 좋다. 그런 다음 17분 동안 추가로 익힌다. 왜 17분이냐고? 그건 나도 알 수 없지만, 할머니의 의견을 존중하는 의미로 그냥 그렇게 하도록 하자!

④ 그런 뒤 틀에 붓고 차가운 곳에서 굳힌 다음 대접한다.

플로팅 아일랜드

머다르테이 MADÁRTEJ

재료

지방을 반만 제거한 우유 1.5l
바닐라 빈 1개
설탕 9큰술
계란 6개
커스터드 가루 1작은술
레몬 제스트 간 것 반 개

① 추후 필요한 우유 50ml는 따로 덜어놓는다. 남은 우유에 바닐라 빈과 설탕 7큰술을 넣고 끓여 바닐라 우유를 만든다.

② 계란 흰자에 설탕 2큰술을 넣고 세게 저어서 머랭을 만든다. 테이블스푼을 이용해서 머랭을 제법 큰 공 모양으로 떠내고 끓는 우유에 넣는다. 한 면에 30초씩 익히고 머랭을 건져낸다.

③ 따로 덜어놓았던 우유 50ml를 계란 노른자, 커스터드 가루, 레몬 제스트와 섞는다. 앞의 바닐라 우유에 넣고 섞어서 걸쭉해질 때까지 익힌다.

④ 그릇에 커스터드를 조금 뜨고 그 위에 머랭볼을 몇 개 올려서 대접한다.

크림 슬라이스

버여시 크리메시 VAJAS KRÉMES

재료

페이스트리

밀가루 중력분 320g
버터 60g
라드 또는 식물성 기름 20g
아이싱 슈거 100g
베이킹파우더 1회분 1/2봉지
계란 2개

크림

커스터드 가루 1회분 2봉지
전지유 1l
버터 250g
아이싱 슈거 200g
바닐라 슈거 1회분 1봉지

① 페이스트리 재료들을 한데 넣고 섞은 다음 반죽을 삼등분하고 얇게 민다. 베이킹 트레이에 올려 180도로 예열한 오븐에서 10분 동안 굽는다.

② 이제 크림을 만든다. 차가운 우유 300ml에 커스터드 가루를 섞는다. 남은 우유를 끓이면서 앞의 커스터드 혼합물을 조금씩 추가하며 계속 젓는다. 커스터드가 걸쭉해지면 한쪽으로 치워둔다. 버터에 아이싱 슈거, 바닐라 슈거를 섞고 크리미해질 때까지 세게 저은 뒤 차갑게 식힌 커스터드와 잘 섞는다.

③ 페이스트리 시트에 크림을 펴 바르고 시트를 한 장 더 올린다. 다시 크림을 바르고, 마지막으로 세 번째 시트를 올린다. 2~3시간 동안 차갑게 둔다. 차가울 때 자르는 게 수월하다.

프로스티드 슬라이스

주즈머러 셀레트 ZÚZMARA SZELET

재료

케이크

계란 4개
아이싱 슈거 200g
밀가루 중력분 140g
버터 녹인 것 100g
베이킹파우더 1회분 1봉지
소금 한 꼬집

크림

우유 200ml
세몰리나(수북히 쌓아서) 3큰술
버터 200g
굵은 설탕 200g
바닐라 빈 1개
살구잼

① 계란을 흰자와 노른자로 분리한다. 계란 흰자에 소금 한 꼬집을 넣고 끝부분이 뾰족해질 때까지 세게 젓는다. 계란 노른자를 하나씩 추가하고 아이싱 슈거를 조금씩 섞는다. 밀가루와 베이킹파우더를 혼합한 뒤 앞의 반죽에 추가하고 계속 젓는다. 마지막으로 녹인 버터를 넣는다.

② 버터 칠을 하고 밀가루를 뿌린 베이킹 용기에 반죽을 붓고 170도로 예열해둔 오븐에 20분 동안 굽는다. 케이크를 식힌 뒤 가로로 이등분한다.

③ 이제 크림을 만든다. 우유에 바닐라 빈을 긁어 넣고 가열한다. 세몰리나를 뿌리고 계속 저어서 걸쭉해질 때까지 익힌다. 버터와 크림을 세게 저어서 걸쭉한 크림 상태로 만들고, 차갑게 식힌 세몰리나와 함께 섞는다.

④ 크림을 냉장고에 넣고 살짝 차갑게 만든다. 맨 밑에 스펀지케이크를 놓고 살구잼, 뒤이어 세몰리나 크림을 펴 바른다. 그 위에 스펀지케이크를 한 장 더 깔고 아이싱 슈거를 뿌린다.

제르보 슬라이스

재료

도우
밀가루 중력분 400g
버터 250g
이스트 50g
사워크림 200ml

필링
굵은 설탕 130g
거칠게 간 호두 130g
바닐라 슈거 1회분 1봉지
레몬 제스트 간 것 1개
살구잼

초콜릿 글레이즈
설탕 100g
버터 100g
코코아 2큰술
우유 2큰술

① 케이크 재료를 한데 넣고 치댄 뒤 호일로 감싸서 하룻밤 냉장고에 둔다. 다음 날 이 반죽을 네 조각으로 나누어서 얇은 베이킹 트레이 크기로 민다.

② 설탕, 호두, 레몬 제스트를 섞어서 필링을 만든다.

③ 베이킹 트레이 바닥에 첫 번째 페이스트리 시트를 깔고, 잼을 바른 뒤, 설탕과 호두를 뿌린다. 그 위에 페이스트리 시트를 한 장 더 깔고, 잼을 또 바른 뒤, 호두를 뿌린다. 재료를 다 쓸 때까지 이 과정을 반복한다(맨 위에는 페이스트리 시트가 놓이도록 한다).

④ 중간 크기의 오븐에서 150~160도로 굽는다. 베이킹 트레이를 식힌 뒤 반죽대에 덜어낸다. 초콜릿 글레이즈 재료들을 한데 섞고 끓인 뒤 15분 동안 식히고 제르보를 코팅시킨다.

⑤ 식힌 뒤 대접한다.

양귀비 씨앗 컵케이크

뵈그레시 마코시 BÖGRÉS MÁKOS

재료

계란 2개
버터 100g
설탕 1컵
밀가루 중력분 1컵
양귀비 씨앗 가루 1컵
우유 1컵
베이킹파우더 1회분 1봉지
바닐라 슈거 1회분 1봉지
바닐라 1작은술
꿀 1큰술

① 버터와 설탕을 섞고 완전히 크리미해질 때까지 세게 젓는다. 계란을 섞고, 뒤이어 우유, 그리고 베이킹파우더와 밀가루, 마지막으로 양귀비 씨앗 가루를 넣는다. 시나몬과 꿀로 맛을 내고, 버터를 칠하고 밀가루를 뿌린 베이킹 트레이에 반죽을 붓는다.

②170도로 예열해둔 오븐에 35~40분 동안 굽는다. 살짝 식도록 뒀다가 트레이에서 꺼낸 뒤 케이크를 반으로 자른다. 아래쪽 시트에 살구잼을 바르고 남은 시트를 덮는다. 아이싱 슈거를 뿌려서 대접한다.

허니 크림 슬라이스

미제시 크리메시 MÉZES KRÉMES

재료

페이스트리

버터 50g
밀가루 400g
굵은 설탕 150g
계란 1개
중탄산나트륨 1/2작은술
우유 3~4큰술
꿀 60g

필링

버터 200g
굵은 설탕 200g
레몬 제스트 1개
우유 300ml
세몰리나 60g
살구잼 150g

① 먼저 페이스트리를 만든다. 꿀, 설탕, 버터, 계란을 한데 넣고 부드러워질 때까지 세게 젓는다.

② 앞의 내용물을 믹싱볼에 담고 중탕냄비에 넣은 뒤 걸쭉해질 때까지 계속 저으면서 익힌다. 불을 끄고 미지근해도록 식힌 다음 밀가루와 중탄산나트륨을 넣고 부드럽게 뒤섞는다.

③ 페이스트리 도우를 치댄 뒤 사등분하고 냉장고에 30분 동안 넣어둔다. 냉장고에서 꺼낸 다음 얇게 민다. 도우를 베이킹 트레이에 놓고 180도로 예열해둔 오븐에 8~10분 동안 굽는다.

④ 버터와 설탕을 완전히 크리미해질 때까지 세게 젓는다. 우유를 끓이고 세몰리나를 추가한 뒤 몇 분 동안 계속 저으면서 익힌다. 불을 끄고 우유를 식히면서 앞의 설탕 섞은 버터, 레몬 제스트를 추가하고, 전기 거품기로 부드러워질 때까지 휘젓는다.

⑤ 첫 번째 페이스트리 시트에 잼과 크림의 1/3을 얇게 바르고 그 위에 다음 시트를 올린다. 잼과 크림을 올리고, 페이스트리 시트를 놓고, 또 잼과 크림을 올리고, 마지막으로 페이스트리 시트를 놓는다.

⑥ 케이크를 약하게 누른 뒤 냉장고에서 최소 4~5시간 동안 부드러워지도록 놔둔다. 적어도 반나절, 가급적이면 하루 종일 차갑게 두는 게 좋다.

논 플러스 울트라

논 플루스 울트라 NON PLUS ULTRA

재료

비스킷
밀가루 중력분 200g
버터 200g
바닐라 슈거 50g
계란 노른자 2개

아이싱
아이싱 슈거 200g
계란 흰자 2개
레몬주스 두어 방울

필링
살구잼 150g

① 비스킷용 재료를 전부 섞고 냉장고에서 30분 동안 휴지기를 둔다. 냉장고에서 반죽을 꺼내 얇게 민 뒤 직경 3~4cm 크기의 비스킷 모양으로 자르고 베이킹 트레이에 놓는다.

② 계란 흰자를 거품이 풍성하고 되직해지도록 세게 저은 뒤 설탕과 레몬주스를 추가한다. 너무 딱딱하지 않고 크리미한 무스처럼 만들도록 유념한다.

③ 숟가락으로 앞의 계란 흰자를 비스킷에 올리고 160도에서 10~15분 동안 굽는다. 비스킷이 식으면 살구잼을 발라 두 개를 한 쌍으로 붙인다.

사과와 크림 슬라이스

얼마시 크리메시 ALMÁS KRÉMES

재료(10~12인분)

페이스트리
버터 100g
설탕 100g
베이킹파우더 6g
밀가루 300g
계란 1개
우유 50ml

크림
우유 400ml
설탕 100g
휘핑 크림 100ml
버터(잘게 다진 것) 100g
커스터드 가루 20g
아이싱 슈거 20g

필링
껍질 벗긴 사과(주사위 모양으로 썰거나 간 것) 1.5kg
설탕 150g
시나몬 1작은술

① 먼저 페이스트리를 만든다. 설탕과 버터를 가볍고 폭신하게 크림화시킨다. 우유, 계란, 그리고 밀가루와 섞은 베이킹파우더를 추가한다. 나무 숟가락으로 저어서 부드럽게 만든다. 페이스트리를 삼등분한 뒤 얇게 민다. 삼등분한 페이스트리를 각각 다른 베이킹 트레이에 올리고 180도에서 굽는다.

② 그동안 사과에 설탕과 시나몬을 넣고 연한 갈색이 되도록 뭉근히 끓인다.

③ 우유 300ml와 설탕을 끓인다. 남은 우유에 커스터드 가루를 넣은 다음 끓고 있는 우유에 붓고 걸쭉해질 때까지 계속 젓는다. 여기에 버터를 넣고 휘저어 커스터드를 만든다.

④ 크림에 아이싱 슈거를 넣고 거품기로 단단해지도록 저어 휘핑크림을 만든다.

⑤ 커스터드가 식으면 휘핑크림을 넣어 부드럽게 섞는다.

⑥ 마지막으로 케이크를 조합한다. 페이스트리 시트에 끓인 사과를 펴 바르고 페이스트리 시트를 한 장 더 올린다. 그 위에 커드터드 크림을 펴 바르고 세 번째 페이스트리 시트를 올린다. 아이싱 슈거를 뿌리고 3~4시간 동안 차갑게 식힌 다음 대접한다.

아몬드를 곁들인 페어 케이크 쾨르테시 먼둘라시 피트 KÖRTÉS MANDULÁS PIT

재료 (12조각)

페이스트리
밀가루 300g
아이싱 슈거 100g
차가운 버터 200g
소금 한 꼬집
바닐라 슈거 5g
베이킹파우더 2.5g
레몬 제스트 간 것 1작은술
계란 노른자 1개
사워크림 1~2큰술

필링
시나몬 스틱 1개
정향 2~3개
설탕 100g
레몬주스 1개
배(껍질을 깎아서 웨지 형태로 자른 것) 1kg
살구잼 2큰술
아몬드(슬라이스하거나 거칠게 간 것) 50g

① 소스팬에 배를 넣고 물, 시나몬, 정향, 설탕, 레몬주스를 추가해 반쯤 뭉근해질 때까지 익힌다. 물기를 따라내고(식히면 훌륭한 음료가 된다), 옆으로 치워둔다.

② 페이스트리 도우를 만든다. 밀가루에 아이싱 슈거를 섞고 버터를 부숴서 넣는다. 소금, 바닐라 슈거, 베이킹파우더, 레몬 제스트 간 것, 계란 노른자를 넣고 치댄다. 페이스트리가 너무 되다 싶으면 사워크림을 추가한다. 냉장고에서 한 시간 동안 휴지기를 둔다.

③ 페이스트리를 얇게 민다. 둥근 베이킹 용기 바닥에 페이스트리 반죽 절반을 덧대듯이 꾹꾹 눌러 담는다. 180도에서 10분 동안 굽는다. 살짝 식힌 다음 살구잼을 바르고 아몬드를 뿌린다. 그 위에 웨지형의 배를 놓고 바닐라 슈거를 뿌린다. 맨 위에 남은 페이스트리를 갈아서 놓는다. 180도에서 50~60분 동안 연한 갈색이 되도록 굽는다. 따뜻할 때 바닐라 아이스크림과 함께 대접한다.

숌로 트라이플

숌로이 걸루시카 SOMLÓI GALUSKA

재료

케이크
계란 12개
밀가루 12큰술
소금 한 꼬집
코코아 가루 1큰술
호두 가루 80g
베이킹파우더 1회분 1봉지

커스터드
계란 노른자 6개
우유 300ml
크림 300ml
굵은 설탕 120g
바닐라 에센스

드리즐링
오렌지 제스트 간 것과 오렌지 주스 2개
건포도 50g
굵은 설탕 100g
초콜릿 소스
휘핑크림

① 계란 노른자와 설탕을 넣고 크리미해질 때까지 세게 저은 뒤, 끝이 뾰족해지도록 저은 계란 흰자와 소금 한 꼬집을 추가한다. 밀가루에 베이킹파우더를 섞고, 앞의 계란에 조금씩 넣으며 부드럽게 섞는다. 반죽을 삼등분한다. 첫 번째는 반죽 그대로 두고, 두 번째에는 코코아 가루를, 세 번째에는 호두 가루를 섞는다.

② 유산지를 깐 베이킹 트레이 세 개에 반죽을 각각 펼치고 180도로 12분 동안 굽는다.

③ 계란 노른자에 설탕, 크림, 마지막으로 우유를 섞고 세게 젓는다. 그런 다음 중탕으로 익혀서 걸쭉한 커스터드를 만든다. 바닐라 에센스 1/2작은술로 향을 낸다.

④ 깊은 그릇에 앞의 호두 스펀지케이크를 놓고 건포도와 오렌지 주스, 오렌지 제스트를 뿌린다. 그 위에 커스터드의 1/3을 펴 바른 다음 플레인 스펀지를 깐다. 다시 건포도와 오렌지 주스를 뿌리고 커스터드를 위와 같은 양만큼 펴 바른다. 그 위에 초콜릿 스펀지를 덮은 뒤 오렌지 주스와 커스터드를 올린다. 맨 위에 코코아 가루를 뿌리고 냉장고에서 최소 12시간 동안 넣어 차갑게 둔다.

⑤ 대접하기 전, 윗면에 초콜릿 소스를 붓고 짤주머니로 크림을 짜서 올린다.

린제르 잼 샌드위치 비스킷

린제르커리커 LINZERKARIKA

재료

밀가루 300g
버터 200g
아이싱 슈거 100g
계란 노른자 1개
사워크림 1~2작은술
레몬 제스트 간 것
소금 한 꼬집
홈메이드 살구잼
아이싱 슈거

① 밀가루와 아이싱 슈거를 섞고 차가운 버터를 넣어서 비빈다. 소금 한 꼬집, 바닐라 슈거, 레몬 제스트 간 것을 추가한다. 그런 다음 계란 노른자를 넣고 치대다가 사워크림을 추가해서 페이스트리를 차지게 반죽한다. 사용하기 전에 냉장고에서 최소 1시간 동안 휴지기를 가진다.

② 페이스트리를 얇게 밀고 끝부분이 울퉁불퉁한 원형 비스킷 커터를 이용해 직경 4~5cm 크기로 찍어낸다. 비스킷의 절반만 가운데에 지름 1cm의 구멍을 뚫는다. 베이킹 트레이에 놓고 12~15분 동안 굽는다.

③ 미지근하게 식으면 구멍이 없는 비스킷에 잼을 바르고, 구멍이 뚫린 것은 위에 올린다. 아이싱 슈거를 뿌리고 최소 반나절 동안 가만히 둔다. 그전에 먹고 싶은 유혹이 생기더라도 참아라!

플로드니 주이시 케이크

재료

페이스트리
밀가루 550g
아이싱 슈거 100g
버터 250g
계란 노른자 2개
글레이즈용 계란 1개
화이트 와인 약100ml
소금 한 꼬집

호두 필링
호두 가루 200g
거칠게 다진 호두 500g
화이트 와인 100ml
설탕 140g
건포도 30g
오렌지 1개(제스트 간 것 및 오렌지 주스)
소금 한 꼬집

양귀비 씨앗 필링
양귀비 씨앗 가루 250g
오렌지 1개(제스트 간 것 및 오렌지 주스)
설탕 80g
물 100ml
소금 한 꼬집

사과 필링
껍질 깎은 사과(슬라이스) 1kg
시나몬 스틱 2개
설탕 150g

① 페이스트리 재료를 한데 넣고 치댄다. 그런 다음 랩으로 감싸서 냉장고에서 하루 동안 휴지기를 둔다.

② 호두를 제외한 모든 호두 필링 재료를 넣고 끓인다. 그런 다음 호두를 넣고 2~3분 더 익힌다. 한 쪽으로 치워두고 식힌다.

③ 양귀비 씨앗 가루를 제외한 모든 양귀비 씨앗 필링 재료를 넣고 끓인다. 그런 다음 양귀비 씨앗 가루를 추가하고 1~2분 더 익힌다. 한쪽으로 치워두고 식힌다.

④ 사과에 설탕, 시나몬 스틱을 넣고 물기가 전부 증발할 때까지 뭉근히 끓여 사과 필링을 만든다.

⑤ 페이스트리를 사등분한다. 사용하기 직전에 페이스트리를 밀어야 도우가 건조해지지 않는다. 베이킹 트레이에 버터를 바른 다음 첫 번째 페이스트리 시트를 고루 편다. 그런 다음 양귀비 씨앗 필링을 펴 바르고 다음 페이스트리 시트를 깐다. 그런 뒤 호두 필링을 추가하고 페이스트리 시트를 한 장 더 깐다. 사과 필링을 펴 바른 다음 마지막 페이스트리 시트로 덮는다. 계란물을 바르고, 포크로 구멍을 숭숭 뚫은 뒤 170도 오븐에서 90분 동안 굽는다.

코코넛 볼

코쿠스고요 KÓKUSZGOLYÓ

재료 (15~20개)

버터 비스킷이나 달콤한 비스킷(으깬 것) 350g
코코아 가루 30g
아이싱 슈거100g
버터 100g
사워 체리주스 100~200ml
말린 코코넛(스프링클링용) 100g

① 으깬 비스킷과 아이싱 슈거를 한데 섞는다. 버터와 적당량의 사워 체리 주스를 추가해서 반죽을 잘 치댄다.

② 냉장고에서 30분 동안 휴지기를 둔 뒤 작은 공 모양으로 빚는다. 말린 코코넛 가루에 굴린다.

사워 체리 파이

메제시 피테 MEGGYES PITE

재료

도우
밀가루 300g
버터 200g
아이싱 슈거 100g
계란 노른자 1개
사워크림 1~2작은술
레몬 제스트 간 것
소금 한 꼬집

필링
씨를 제거한 사워 체리(생과일 또는 냉동. 물기가 없는 것) 500g
굵은 설탕 120g
호두 가루 50g
시나몬 가루 1큰술

① 밀가루와 아이싱 슈거를 한데 섞고 차가운 버터를 넣어서 비빈다. 소금 한 꼬집, 바닐라 슈거, 레몬 제스트 간 것을 추가한다. 마지막으로 계란 노른자를 넣어 치대고 적당량의 사워크림을 추가해 페이스트리를 차지게 반죽한다. 사용하기 전에 냉장고에 한 시간 동안 넣고 휴지기를 가진다.

② 테두리가 낮은 케이크 틀(25cm)에 페이스트리의 2/3를 덧대듯이 꾹꾹 눌러 담는다. 180도 오븐에서 10~15분 동안 노릇노릇해지도록 구운 뒤 식힌다.

③ 필링용 재료를 전부 섞어서 구운 페이스트리 베이스 위에 펴 바른다. 맨 위에 남은 페이스트리 반죽을 갈아서 올리고 180도로 30분 동안 다시 굽는다.

호두 크레센트

디오시 키플리 DIÓS KIFLI

재료

버터 140g
아이싱 슈거 70g
호두 가루 70g
밀가루 중력분 170g
레몬 제스트 간 것 1개
바닐라 슈거

아주 간단하지만 맛있는 비스킷으로, 내 경험상 모두가 이 비스킷을 좋아했다. 만들기도 어렵지 않다.

① 버터를 휘핑하고 다른 재료를 전부 넣어서 섞는다. 잘 치댄 다음 손가락처럼 길게 굴려서 여러 조각으로 잘라 나눈다. 각 조각을 작은 초승달 모양으로 굽힌다.

② 유산지를 깔거나 버터를 바른 베이킹 트레이에 반죽을 놓고 150~160도 오븐에서 노릇노릇해지도록 굽는다. 뜨거울 때 바닐라 슈거를 발라야 사랑스러운 바닐라 향이 빵에 잘 스며들 수 있다.

커드 치즈 튀김 도넛

숄트 투로팡크 SÜLT TÚRÓFÁNK

재료

도우
커드 치즈 500g
아이싱 슈거 100g
레몬 제스트 간 것 1개
라임 제스트 간 것 1개
계란 4개
바닐라 빈(긁어서 쓸 것) 1개
밀가루 중력분 100g
빵가루 조금
소금 한 꼬집
튀김용 기름

소스
라즈베리 250g
굵은 설탕 50g

① 커드 치즈에 레몬 제스트, 라임 제스트, 계란 노른자, 바닐라 씨앗, 밀가루를 넣고 골고루 잘 섞는다. 마지막으로 단단하게 저은 계란 흰자와 적당량의 빵가루를 추가해서 도우를 빽빽하게 반죽한다.

② 도우를 10분 동안 그냥 둔다. 그런 뒤 숟가락으로 떠서 큰 덤플링 또는 스콘 모양으로 만든다. 그리고 중간불의 기름에 넣고, 양면 모두를 노릇노릇하게 튀긴다.

③ 라즈베리를 뭉근히 끓인 다음 고운 체에 거른다. 도넛에 설탕과 라즈베리 소스를 뿌린 다음 뜨겁거나 따뜻할 때 대접한다.

밤 퓌레

게스테네퓨리 GESZTENYEPÜRÉ

재료

밤 퓌레 250g
더블 크림 300ml
아이싱 슈거 100g
다크 럼 2큰술

① 밤 퓌레와 럼, 아이싱 슈거를 섞은 뒤 냉장고에 넣어둔다.

② 크림을 세게 저어서 걸쭉하게 만든다. 숟가락으로 떠서 작은 그릇에 깐다. 냉장고에서 굳힌 밤 퓌레를 감자깎이나 강판으로 갈아서 크림 위에 올린다.

③ 발사믹 식초 시럽에 익힌 사워 체리와 함께 대접하거나, 초콜릿을 갈아서 올려도 좋다. 아니면 블랙베리나 블루베리 몇 개를 놓아 멋을 부려도 괜찮다.

커드 치즈 파슬

투로시 버튜 TÚRÓS BATYU

재료

도우

밀가루 중력분 500g
생이스트 35g
미지근한 우유 250ml
설탕 70g
버터 80g
소금 1/2작은술
레몬 제스트 간 것 1개
계란 노른자 3개

필링

커드 치즈 1kg
사워크림 100ml
레몬 제스트 간 것 1개
아이싱 슈거 220g
바닐라 슈거 30g

① 밀가루를 체에 쳐서 그릇에 담고, 미지근한 우유 100ml에 설탕 약간과 부순 이스트를 넣는다. 밀가루 가운데를 옴폭하게 만들어서 앞의 우유 혼합물을 붓는다. 잘 치댄 다음 도우에 밀가루를 살짝 뿌리고 티타월로 덮어서 따뜻한 곳에 둔다. 부풀면서 윗면에 살짝 금이 가도록 기다린다. 그런 다음 계란 노른자 두 개, 녹인 버터, 남은 설탕과 우유, 레몬 제스트, 소금 한 꼬집을 추가한다. 재료를 골고루 잘 치댄다. 도우가 부풀도록 30분 동안 따뜻한 곳에 둔다.

② 그동안 푸드 프로세서에 필링용 재료를 모두 넣고 섞는다.

③ 도우를 얇게 밀고 사각형(15×15cm)으로 자른다. 사각형 한가운데에 커드 치즈 혼합물을 한 숟가락 듬뿍 떠서 올린 뒤 도우의 네 모서리를 집어 모은다.

④ 베이킹 트레이에 2~3cm 간격으로 도우를 놓는다. 20분 동안 부풀어 오르도록 둔 뒤 180도로 예열해둔 오븐에서 30~35분 동안 굽는다. 아이싱 슈거를 뿌려서 대접한다.

달콤한 꽈배기 프리터

추뢰게 팡크 CSÖRÖGE FÁNK

재료

버터 80g
밀가루 350g
설탕 80g
바닐라 슈거 1회분 1봉지
계란 노른자 5개
사워크림 2큰술
럼 1큰술
소금 한 꼬집
튀김용 해바라기유

① 버터를 녹인다. 밀가루를 체에 쳐서 깊은 그릇에 담고, 설탕, 바닐라 슈거, 소금 한 꼬집을 섞는다. 그리고 계란 노른자, 버터 녹인 것, 사워크림 1큰술, 럼을 추가한 뒤 골고루 잘 섞는다. 그릇을 덮고 차가운 곳에서 30분 동안 휴지기를 둔다.

② 밀가루를 뿌린 반죽대에 도우를 놓고 약 3mm 두께로 민다. 라비올리 커터를 이용해서 약 8~10cm 길이의 마름모꼴로 자른 뒤 각 모서리에서 1cm 안쪽에 0.5cm의 칼집을 낸다. 모서리를 가운데 칼집으로 통과시켜 도우를 꼰다. 나머지 도우도 전부 같은 모양으로 만든다.

③ 커다란 팬에 기름을 가득 붓고 데운 뒤 도우를 조금씩 넣으면서 양면 모두 튀긴다. 커다란 접시에 놓고 바닐라 슈거를 뿌린 뒤 뜨거울 때 대접한다.

딜과 커드 치즈 파이

커프로시-투로시 레피니 KAPROS-TÚRÓS LEPÉNY

재료

도우
밀가루 300g
버터 200g
아이싱 슈거 100g
계란 노른자 1개
사워크림 1~2작은술
레몬 제스트 간 것
소금 한 꼬집

필링
크럼블드 커드 치즈 500g
계란 흰자 5개
사워크림 100ml
아이싱 슈거 160g
세몰리나 80g
곱게 다진 딜 2줄기
글레이즈용 계란 노른자 1개

① 밀가루와 아이싱 슈거를 섞은 뒤 차가운 버터를 넣고 비빈다. 소금 한 꼬집, 바닐라 슈거, 레몬 제스트 간 것을 추가한다. 계란 노른자를 넣고 치댄 뒤 사워크림을 적당량 추가해 도우를 차지게 반죽한다. 사용하기 전에 냉장고에서 1시간 동안 휴지기를 둔다.

② 도우를 절반만 밀어서 베이킹 트레이에 놓고 180도에서 10~15분 동안 노릇노릇하게 굽는다. 식힌다.

③ 그동안 필링 재료를 전부 함께 섞는다. 식은 도우 위에 필링 재료를 펼친다. 남은 도우를 밀어서 필링 위에 놓고, 포크로 구멍을 숭숭 뚫어 김이 빠져나갈 수 있도록 한다. 윗면에 물을 약간 섞은 계란 노른자를 바른 뒤 180도에서 노릇노릇해지도록 굽는다.

초콜릿 호두 케이크

홍가리아 셀레트 HUNGÁRIA SZELET

재료

케이크
계란 6개
굵은 설탕 300g
차가운 물 10큰술
호두 가루 100g
베이킹파우더 1회분 1봉지
밀가루 중력분 200g

크림
계란 노른자 2개
밀가루 중력분 2큰술
우유 250ml
버터 200g
아이싱 슈거 200g
호두 가루 100g

글레이즈
굵은 설탕 14큰술
코코아 가루 7큰술
물 6큰술
버터 60g

① 먼저 케이크 시트를 만든다. 계란 노른자에 설탕 200g을 넣고 하얀 크림처럼 될 때까지 세게 젓는다. 물을 추가하고 계속 젓다가 호두 가루, 밀가루, 베이킹파우더를 넣어서 부드럽게 섞는다. 계란 흰자는 끝이 뾰족해질 때까지 세게 젓는다. 남은 설탕을 마지막에 넣고 계속 저어서 단단한 머랭을 만든다. 머랭을 앞의 반죽에 접듯이 넣는다. 그런 다음 버터 칠을 하고 밀가루를 뿌린 베이킹 트레이(약 30×35cm)에 반듯하게 편다. 180도로 예열해둔 오븐에서 20~22분 동안 굽는다.

② 이제 크림을 만든다. 계란 노른자에 밀가루, 물을 넣고 부드러워질 때까지 거품기로 젓는다. 그런 다음 혼합물을 익혀서(익히는 내내 계속 젓는다) 걸쭉한 크림 형태로 만든다. 그리고 가만히 두고 식힌다. 버터와 아이싱 슈거를 세게 저어서 부드럽게 만든 뒤, 호두 가루와 앞의 식힌 크림을 한 번에 한 숟가락씩 추가한다.

③ 케이크를 가로로 이등분한다. 케이크 반쪽에 크림을 펴 바르고, 나머지 반쪽을 위에 올린 뒤 남은 크림을 바른다. 글레이즈용 재료를 작은 스스팬에 전부 넣고 몇 분 동안 익혀서 부드러운 크림을 만든다. 살짝 식힌 다음 크림을 케이크 위에 펴 바른다. 크림이 굳으면 뜨거운 물을 적신 나이프로 케이크를 자른다.

플레이티드 브리오슈

포슬로시 컬라치 FOSZLÓS KALÁCS

재료

우유 300ml
설탕 2큰술
생이스트 30g
소금 1계량스푼
밀가루 500g
계란 흰자 1개
라드 또는 식물성 지방 100g

① 우유를 미지근하게 데운다. 우유에 설탕을 녹인 뒤 이스트를 부숴 넣고 따뜻한 곳에 부풀도록 둔다.

② 체에 친 미지근한 밀가루를 믹싱볼에 담고, 소금, 계란 흰자, 이스트, 앞의 우유 혼합물을 넣는다. 손으로 한데 잘 섞고 티타월을 덮은 뒤 40분 동안 따뜻한 곳에서 부풀도록 둔다.

③ 밀가루를 뿌린 반죽대에 도우를 올리고 1cm 두께로 민다. 미리 휘저어서 크리미하게 만들어둔 라드나 식물성 지방을 펴 바르고 스위스롤처럼 말아 감은 뒤 10분 동안 휴지기를 가진다.

④ 롤 반죽 두 개를 반대 방향으로 꼬면서 길이를 두 배로 늘인다. 도우를 브리오슈 형태로 땋은 다음 기름칠한 베이킹틀에 넣고 20분 동안 둔다.

⑤190도로 예열해둔 오븐에 넣는다. 그동안 설탕 2큰술을 끓는 물 2큰술에 녹인다. 브리오슈를 15분 동안 구운 뒤 노릇노릇해지기 시작하면 설탕 시럽의 절반을 바른다. 15~20분 동안 추가로 굽고 오븐에서 꺼낸 뒤 남은 설탕 시럽을 바른다. 30분 동안 둔 다음 먹는다.

부다페스트 디저트 수업

1판 1쇄 펴냄 2019년 6월 10일

지은이 터마시 베레즈너이·BOOOK 퍼블리싱
옮긴이 박설영
편집 안민재
디자인 JUN(표지), 한향림(본문)
제작 세걸음
인쇄·제책 상지사

펴낸곳 프시케의 숲
펴낸이 성기승
출판등록 2017년 4월 5일 제406-2017-000043호
주소 (우)10874, 경기도 파주시 책향기로 441
전화 070-7574-3736
팩스 0303-3444-3736
이메일 pfbooks@pfbooks.co.kr
페이스북 fb.me/PsycheForest
트위터 @PsycheForest

ISBN 979-11-89336-09-7 13590

책값은 뒤표지에 있습니다.

이 도서의 국립중앙도서관 출판시도서목록CIP은
서지정보유통지원시스템 홈페이지 http://[illegible]
국가자[illegible] http://www.nl.go.kr/kolisnet에서 이용하실 수 있습니다.
CIP제어번호: 2019018519

이 책은 헝가리 외교통상부 퍼블리싱 헝가리 프로그램의
지원을 받아 출판되었습니다.